普通高等教育"十四五"系列教材

单片机

系统设计与应用开发

主　编◎潘爱民

副主编◎王　楠　徐　舒　魏文燕　余纯淳　刘灵敏

U0278902

华中科技大学出版社

http://www.hustp.com

中国·武汉

内 容 简 介

蓝桥杯全国软件和信息技术专业人才大赛(简称"蓝桥杯")在全国高校的影响日益扩大,本书以其真题为典型实践案例,并以真实的工程项目为载体,实现以学生为主体,学生在教师的指导下自主完成相关功能模块的设计、组装与调试的教学教果,通过工程实践,培养学生的工程思维方式,提升其分析、解决实际工程问题的实践和创新能力。本书适合于大学本科及高职高专的单片机学习者,尤其适合希望在"蓝桥杯"中获奖的学生使用。同时,本书也适合"蓝桥杯"单片机设计与开发竞赛的指导教师及相关工程技术人员参考。

为了方便教学,本书还配有相关实例的源程序,任课教师可以发邮件至 hustpeiit@163.com 索取。

图书在版编目(CIP)数据

单片机系统设计与应用开发/潘爱民主编.—武汉:华中科技大学出版社,2020.9(2024.5 重印)
ISBN 978-7-5680-6602-0

Ⅰ.①单… Ⅱ.①潘… Ⅲ.①单片微型计算机-系统设计 ②单片微型计算机-系统开发
Ⅳ.①TP368.1

中国版本图书馆 CIP 数据核字(2020)第 177276 号

单片机系统设计与应用开发   潘爱民   主编
Danpianji Xitong Sheji yu Yingyong Kaifa

策划编辑:康　序
责任编辑:刘姝甜
封面设计:孢　子
责任监印:朱　玢
出版发行:华中科技大学出版社(中国·武汉)　　　电话:(027)81321913
　　　　　武汉市东湖新技术开发区华工科技园　　　邮编:430223
录　　排:武汉三月禾文化传播有限公司
印　　刷:武汉市籍缘印刷厂
开　　本:787mm×1092mm　1/16
印　　张:14　插页:1
字　　数:362 千字
版　　次:2024 年 5 月第 1 版第 2 次印刷
定　　价:45.00 元

前言

PREFACE

2020年2月22日,中国高等教育学会发布2019年全国普通高校学科竞赛排行榜,蓝桥杯全国软件和信息技术专业人才大赛(简称"蓝桥杯")成功入选,成为高校教育教学改革和创新人才培养的重要竞赛项目。高校依据排行榜认定"蓝桥杯"为A类学科竞赛。"蓝桥杯"是面向在校学生的科技性竞赛,高校参与度与认可度高,赛项设有单片机设计与开发组、嵌入式设计与开发组、C/C++程序设计组、Java软件开发组等。

"蓝桥杯"单片机设计与开发竞赛在全国高校的影响日益扩大,但是少有针对"蓝桥杯"单片机设计与开发竞赛的辅导教材出版。2018年,武汉东湖学院与广州粤嵌通信科技股份有限公司联合申报的教育部产学合作协同育人项目"'单片计算机原理与接口技术'教学内容和课程体系改革"(项目编号:201801193019)获得批准,在双方的共同努力下,校企联合组建单片机教学团队(武汉东湖学院潘爱民、王楠、魏文燕等几位教师以及广州粤嵌通信科技股份有限公司余纯淳、余修贤工程师),潜心研究"蓝桥杯"参赛大纲及历年竞赛项目,共同开发培训讲义,并在实践中取得了比较好的培训效果,极大提高了武汉东湖学院学生学习单片机的兴趣,该校竞赛获奖人数大幅上升。现将培训讲义归纳成书,以促进单片机课程教学的深入改革,提高学生学习和应用单片机的能力。

全书共2篇,内容是独立的。如果学习过单片机课程,可以略过第1篇,直接学习第2篇内容。

第1篇——基础篇,共6章,主要介绍单片机开发工具的使用、单片机开发语言基础、"蓝桥杯"单片机开发平台元器件等。

第2篇——应用篇,共分11章:

第7章概要介绍了"蓝桥杯"单片机设计与开发竞赛大纲及开发平台;

第8章讲述了"蓝桥杯"单片机设计与开发竞赛的必考内容,结合两个综合性的案例介绍了包括LED指示、数码管显示、按键扫描、中断和定时器设计等功能模块的设计;

第9章讲述了"蓝桥杯"单片机竞赛的选考内容,结合常考的四个芯片模块的应用,重点介绍OneWire、IIC、SPI三种通信总线协议的应用编程;

第10~16章分别对第四届到第十届"蓝桥杯"单片机省赛的设计题目进行了分析讲解,并给出了参考程序;

第17章汇总了第七~十届"蓝桥杯"单片机省赛的客观题,并给出了参考答案。

　　本书结合"蓝桥杯"单片机设计与开发竞赛项目,注重实战,书中的程序都经过编者编译测试并通过。学生对代码进行编译后,马上就可以在开发板上看到结果,这能极大地提高学生的学习兴趣。

　　本书以蓝桥杯全国软件和信息技术专业人才大赛真题为典型实践案例,并以真实的工程项目为载体,实现以学生为主体,学生在教师的指导下自主完成相关功能模块的设计、组装与调试的教学效果,通过工程实践,培养学生的工程思维方式,提升其分析、解决实际工程问题的创新和实践能力。

　　本书适合于大学本科及高职高专单片机学习者,尤其适合希望在"蓝桥杯"中获奖的学生使用,同时也适合"蓝桥杯"单片机设计与开发竞赛的指导教师及相关工程技术人员参考。

　　为了方便教学,本书还配有相关实例的源程序,任课教师可以发邮件至 hustpeiit@163.com 索取。

　　本书参考和引用了大量网络信息资源。在本书编写过程中,武汉东湖学院电子信息工程学院院长刘岚和副院长姚敏教授在百忙之中给予了诸多指导和关心并审定了本书。本书的完成离不开这些宝贵的资源和同行无私的奉献,在此编者特表示衷心的感谢! 同时,由于编者水平有限,书中难免存在一些缺点和错误,恳请广大读者批评指正。

编　者
2020 年 8 月

目录

CONTENTS

第 1 篇

基础篇

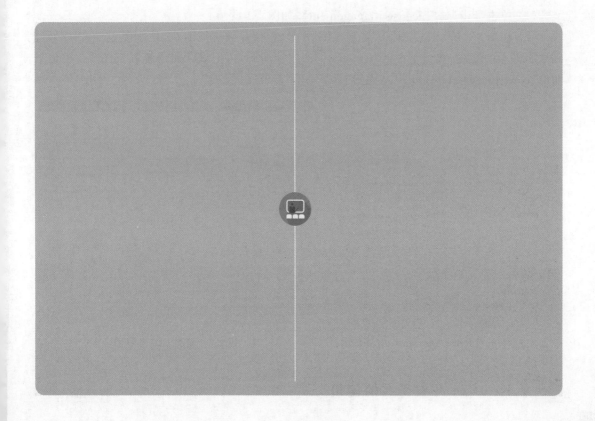

第1章 Keil C51 开发工具的安装与使用

Keil C51 是支持 8051 微控制器体系结构的 Keil 开发工具，适合每个阶段的开发人员使用，不管是专业的应用工程师，还是刚学习单片机开发的学生。

Keil C51 拥有产业标准的 Keil C 编译器、宏汇编器、调试器、实时内核、单片计算机和仿真器，支持所有的 51 系列微控制器，能帮助用户如期完成项目进度。

本章以 Keil μVision5 为例介绍 Keil C51 的安装和使用。

1.1 Keil C51 开发工具的安装

第 1 步：安装。运行安装程序，双击"Keil C51 Setup"文件，单击"Next"，选择一个安装目录再单击"Next"，等几秒钟安装完成，单击"Finish"即可。

第 2 步：破解。

（1）单击"File"—"License Management"，如图 1-1 所示。

（2）在图 1-2 所示的界面中，复制 CID 号，然后打开破解注册机，把刚复制的 CID 号放到注册机 CID 栏中，单击下面的"Generate"产生注册码，再把该注册码复制到图 1-2 中最下面的"New License ID Code"中，点击"Add LIC"即可完成破解。

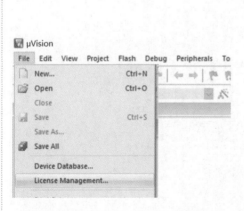

图 1-1 打开"License Management"菜单   图 1-2 复制 CID 号界面

1.2 Keil C51 开发工具的使用

采用 Keil C51 开发 8051 单片机应用程序一般需要以下步骤。

(1) 在 Keil C51 集成开发环境中创建一个新项目("Create New Project"),并为该项目选定合适的单片机 CPU 器件。

(2) 利用 Keil C51 的文件编辑器编写 C 语言(或汇编语言)源程序文件,并将文件源加到项目中去。一个项目可包含多个文件,除源程序外还可以有库文件或文本说明文件。

(3) 通过 Keil C51 的各种功能,配置 Cx51 编译器、Ax51 宏汇编器、BL51/Lx51 连接定位器以及 Debug 调试器的功能。

(4) 利用 Keil C51 的构造("Build")功能对项目中的源程序文件进行编译连接,生成绝对目标代码和可选的 HEX 文件,如果出现编译连接错误则返回第 2 步,修改源程序中的错误后重新构造整个项目。

(5) 将没有错误的绝对目标代码装入 Keil C51 调试器进行仿真调试,调试成功后将 HEX 文件写入单片机应用系统的 EPROM。

下面通过一个简单的实例进行说明。

启动 Keil C51 后,用鼠标左键单击"Project"—"New μVision Project",在弹出的对话框中输入项目文件名"max",如图 1-3 所示,并选择合适的保存路径(应为每个项目建一个单独的文件夹),单击"保存"按钮,这样就创建了一个 max. uvproj 新项目文件。

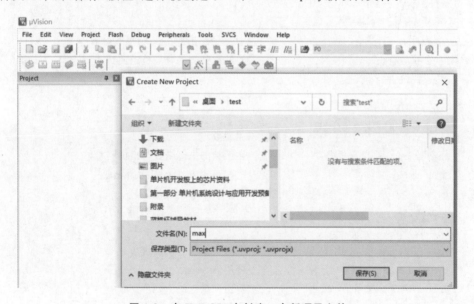

图 1-3 在 Keil C51 中创建一个新项目文件

项目名保存完毕后将弹出图 1-4 所示的器件数据库对话框,用于为新建项目选择一个 CPU 器件(窗口"Description"栏对不同公司生产的 51 系列 CPU 器件做了必要说明)。根据需要选择 CPU 器件(例如 Atmel 公司的 AT89C51),选定后 Keil C51 将按所选器件自动设置默认的工具选项,从而简化了项目的配置过程。

创建一个新项目后,项目会自动包含一个默认的目标("Target 1")和文件组("Source Group 1")。用户可以给项目添加其他文件组("Group")以及文件组中的源文件,这对于模块化编程特别有用,项目中的目标名、组名以及文件名都显示在 Keil C51 的项目窗口中。接下来要给项目添加源程序文件。源程序文件可以是已有的,也可以是新建的。新建源程序文件的步骤:单击"File"—"New",在打开的编辑窗口中输入 C51 源程序。

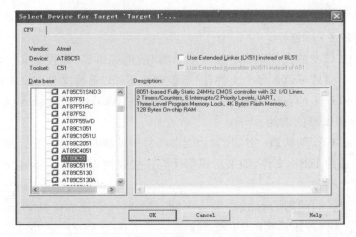

图 1-4　器件数据库对话框(为项目选择 CPU 器件)

例 1-1　编程求两个输入数据中的较大者。

```
#  include <stdio.h>              /*预处理命令*/
#  include <reg51.h>


char max(char x, char y) {        /*定义 max 函数;x,y 为形式参数*/
    if(x>y) return (x);           /*将计算得到的较大值返回到调用处*/
    else return (y);
}                                 /*max 函数结束*/


void  main() {                    /*主函数*/
    char a,b,c;                   /*主函数的内部变量类型说明*/
    SCON=0x52;                    /*8051 单片机串行口初始化*/
    TMOD=0x20;
    TCON=0x59;
    TH1=0x0F3;
    scanf ("%c %c",&a,&b);        /*输入变量 a 和 b 的值*/
    c=max(a,b);                   /*调用 max 函数*/
    printf("\n max =%c \n",c);    /*输出变量 c 的值*/
}                                 /*主程序结束*/
```

程序输入完成后,用鼠标左键单击"Files"—"Save As",将源程序文件另存为扩展名为".c"的源程序文件,保存路径一般设为与项目文件相同。

Keil C51 具有十分完善的右键功能,将鼠标指向项目窗口中的"Source Group 1"文件组并单击右键,弹出一个快捷菜单,如图 1-5 所示。

用左键单击快捷菜单中"Add Existing Files to Group'Source Group 1'"选项,弹出图 1-6 所示的添加源程序文件选择窗口,选中刚才保存的源程序文件"max.c"并单击"Add"按钮,将其添加到新建的项目中去。

接下来,根据需要配置 Cx51 编译器、Ax51 宏汇编器、BL51/Lx51 连接定位器以及 Debug 调试器的各项功能。单击"Project"—"Options for Target",弹出如图 1-7 所示的窗口,这是一个十分重要的窗口,包括"Device""Target""Output""Listing""C51""A51""BL51 Locate""BL51 Misc""Debug"等多个选项标签页,其中许多选项可以直接用其默认值,必要

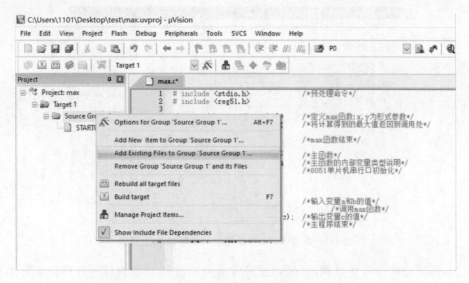

图 1-5　项目窗口的右键菜单

图 1-6　添加源程序文件选择窗口

时可进行适当调整。

图 1-7 所示为"Output"标签页,用于设定当前项目在编译连接之后生成的执行代码输出文件,输出文件名默认为与项目文件同名(也可以指定其他文件名),存放在当前项目文件所在的目录中,也可以点击"Select Folder for Objects"来指定存放输出文件的目录路径。选中"Create Executable"表示项目编译连接后生成执行代码输出文件;选中"Debug Information"前的方形复选框将在输出文件中包含进行源程序调试的符号信息;选中"Browse Information"前的方形复选框将在输出文件中包含源程序浏览信息;选中"Create HEX File"前的方形复选框表示当前项目编译连接完成之后生成一个用于 EPROM 编程的 HEX 文件。

图 1-8 所示为选项中的"Debug"标签页,用于设定 Keil C51 调试器的一些选项。在 Keil C51 中可以对经编译器连接所生成的执行代码进行两种仿真调试,即软件模拟仿真调试和目标硬件仿真调试。前者不需要 8051 单片机硬件,仅在 PC 机上就可以完成对 8051 单片机各种片内资源的仿真,仿真结果可以通过 Keil C51 的串行窗口、观察窗口、存储器窗口及其他一些窗口直接输出,其优点是不言而喻的,缺点是不能观察到实际硬件的动作。Keil 公司还提供了一种目标监控程序 Monitor51,通过它可以使 Keil C51 与用户目标硬件系统相连

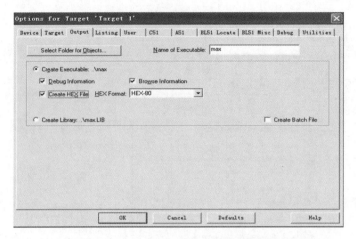

图 1-7　配置 Cx51 编译器等的各项功能的窗口

接,进行目标硬件的在线仿真调试,采用这种方法可以立即观察到目标硬件的实际动作,特别有利于分析和排除各种硬件故障。

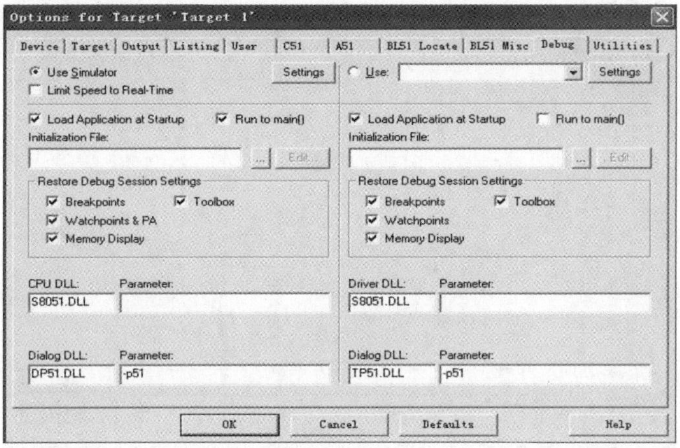

图 1-8　设定 Debug 仿真调试选项

在目标项目选项设置窗口所有的标签页中都有一个"Defaults"按钮,用于设定各种默认命令选项,初次使用时可以直接采用这些默认选项,待熟悉之后进一步采用其他选项。

完成上述关于编译、仿真调试工具配置的基本选项设定之后,就可以对当前新建项目进行整体创作("Build target")。将鼠标指向项目窗口中的文件"max.c"并单击右键,从弹出的快捷菜单中单击"Build target"选项,如图 1-9 所示,Keil C51 将按"Options for Target"窗口内各种选项设置,自动完成对当前项目中的所有源程序模块文件的编译连接,同时,Keil C51 的输出窗口将显示编译连接提示信息,如图 1-10 所示。如果有编译连接错误,将鼠标指向窗口内的提示信息并双击左键,光标将自动跳到编辑窗口源程序文件发生错误的地方,以便于修改;如果没有编译连接错误则生成绝对目标代码文件。

编译连接没有错误后,用鼠标左键单击"Debug"—"Start Debug Session"选项,将 Keil C51 转入仿真调试状态,在此状态下的"项目窗口"自动转到"Registers"标签页,显示调试过程中单片机内部工作寄存器 r0~r7 以及累加器 a、堆栈指针 sp、数据指针 dptr、程序计数器 PC 以及程序状态字 psw 等的值,如图 1-11 所示。在仿真调试状态下单击"Debug"—"Run"选项,启动用户程序全速运行,再单击"View"—"Serial Window ♯1"选项打开调试状态下

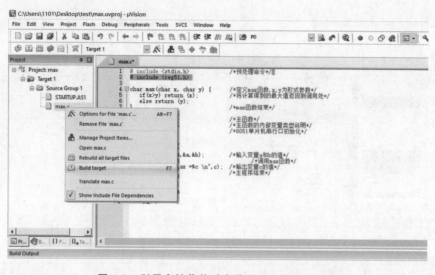

图 1-9　利用右键菜单对当前项目进行编译连接

Build Output

```
Rebuild target 'Target 1'
assembling STARTUP.A51...
compiling max.c...
linking...
Program Size: data=39.2 xdata=0 code=2122
creating hex file from ".\Objects\max"...
".\Objects\max" - 0 Error(s), 0 Warning(s).
Build Time Elapsed:  00:00:02
```

Simulation

图 1-10　编译连接完成后输出窗口的提示信息

Keil C51 的串行窗口 1。用户程序中采用 scanf( ) 和 printf( ) 所进行的输入和输出操作，都是通过串行窗口 1 实现的，将鼠标指向该窗口并键入数字 2 和 9，立即得到输出结果"max ＝ 9"，如图 1-12 所示。

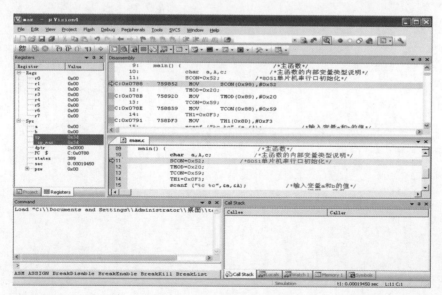

图 1-11　Keil C51 的仿真调试窗口

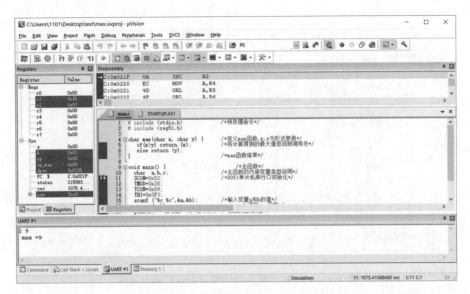

图 1-12　Keil C51 调试状态下串行窗口 1 及其数据输入和结果输出

　　Keil C51 调试器的仿真功能十分完善，除了全速运行之外还可以进行单步、设置断点、运行到光标指定位置等多种操作，调试过程中可随时观察局部变量以及用户设置的观测点状态、存储器状态、片内集成外围功能状态，通过调用信号函数或用户函数可实现其他多种仿真功能。

第 2 章 Proteus 仿真软件的安装与使用

Proteus 软件是英国 Lab Center Electronics 公司出版的 EDA 工具软件。它不仅具有其他 EDA 工具软件的仿真功能,还能仿真单片机及外围器件。它是较好的仿真单片机及外围器件的工具,可从原理图布图、代码调试到单片机与外围电路协同仿真,一键切换到 PCB 设计,真正实现了从概念到产品的完整设计。Proteus 软件是目前世界上唯一一个将电路仿真软件、PCB 设计软件和虚拟模型仿真软件三合一的设计平台,其处理器模型支持 8051、HC11、PIC10/12/16/18/24/30/dsPIC33、AVR、ARM、8086、MSP430 和 Cortex 等,并持续增加其他系列处理器模型。在编译方面,它也支持 IAR、Keil 和 MATLAB 等多种编译器。

2.1 Proteus 仿真软件的安装

第 1 步:安装。运行安装程序,双击 Proteus 7.8 压缩包,双击安装程序文件,依次点击后续页面中的"Next"—"Yes",选择"Use a local installed License Key"再单击"Next"—"Next",选择一个安装路径,单击"Next",注意在随后弹出的"Select Features"页面中勾选"Converter Files"选项,如图 2-1 所示,点击"Next",等几秒钟安装完成,单击"Finish"即可。

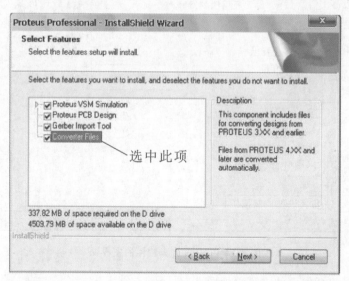

图 2-1 在"Select Features"页面中勾选"Converter Files"选项

第 2 步:破解。先不要运行 Proteus 软件,直接运行破解升级程序,如图 2-2 所示,务必更改路径到安装目录下,然后点击"升级"按钮,即可完成破解升级。

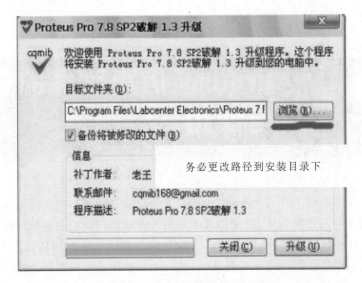

图 2-2　Proteus 破解升级程序

2.2　Proteus 仿真软件的使用

1. Proteus 仿真软件工作环境简介

（1）Proteus 仿真软件的主界面如图 2-3 所示。

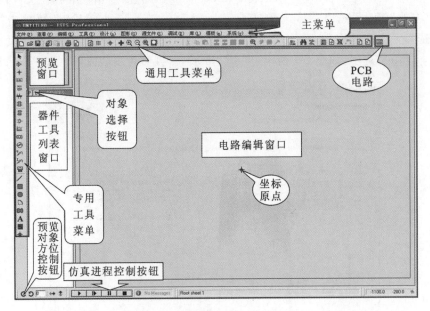

图 2-3　Proteus 仿真软件的主界面

（2）Proteus 仿真软件的主菜单如图 2-4 所示。

（3）Proteus 仿真软件的选择图标如图 2-5 所示。

（4）Proteus 仿真软件的元件库如图 2-6 所示。

2. Keil C51 与 Proteus 联合仿真调试过程

下面以一个实例来完整地展示 Keil C51 与 Proteus 相结合的仿真过程。

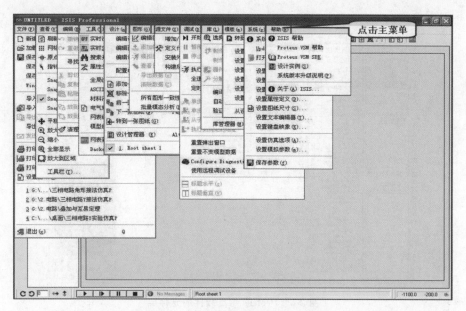

图 2-4　Proteus 仿真软件的主菜单

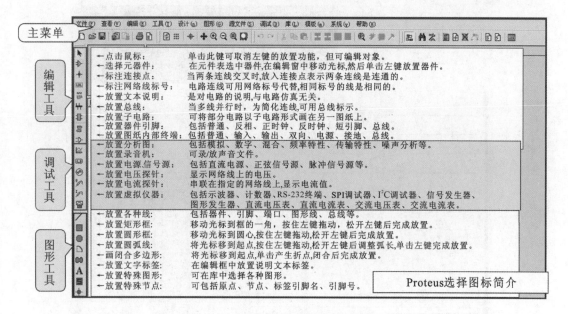

图 2-5　Proteus 仿真软件的选择图标

例 2-1　单片机电路设计要求如图 2-7 所示。电路的核心是单片机 AT89C51。单片机的 P1 口 8 个引脚接在 LED 显示器的段选码(a、b、c、d、e、f、g、dp)的引脚上,单片机的 P2 口 6 个引脚接在 LED 显示器的位选码(1、2、3、4、5、6)的引脚上,电阻起限流作用,放置总线使电路图变得简洁,并设计程序实现 LED 显示器的选通并显示字符。

1)电路图的绘制

(1)将所需元器件加入对象选择器窗口("Picking Components into the Schematic")。

单击对象选择器按钮 P;弹出"Pick Devices"页面,在"Keywords"中输入"AT89C51",系统在对象库中进行搜索查找,并将搜索结果显示在"Results"中,如图 2-8 所示。在

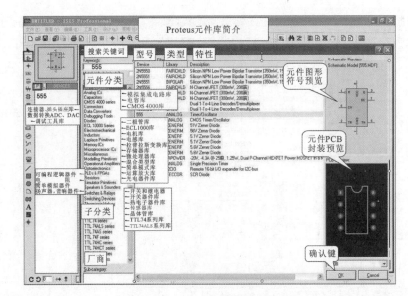

图 2-6　Proteus 仿真软件的元件库

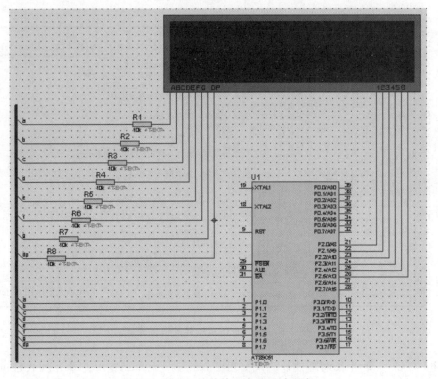

图 2-7　例 2-1 的单片机电路设计要求

"Results"栏的列表项中,双击"AT89C51",则可将"AT89C51"添加至对象选择器窗口。

　　接着在"Keywords"栏中重新输入"7SEG",如图 2-9 所示,在搜索结果中双击"7SEG-MPX6-CA-BLUE",则可将"7SEG-MPX6-CA-BLUE"(6 位共阳 7 段 LED 显示器)添加至对象选择器窗口。

　　最后,在"Keywords"栏中重新输入"RES",选中"Match Whole Words",如图 2-10 所示。在"Results"栏中获得与"RES"完全匹配的搜索结果。双击搜索结果中的"RES",则可

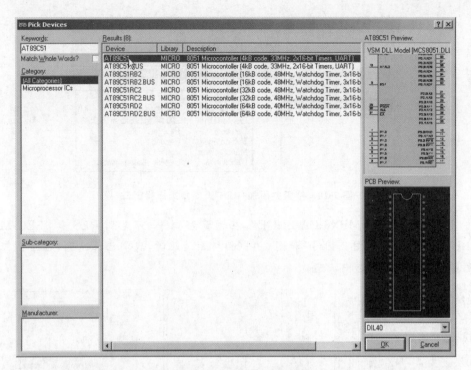

图 2-8　搜索并添加"AT89C51"至对象选择器窗口

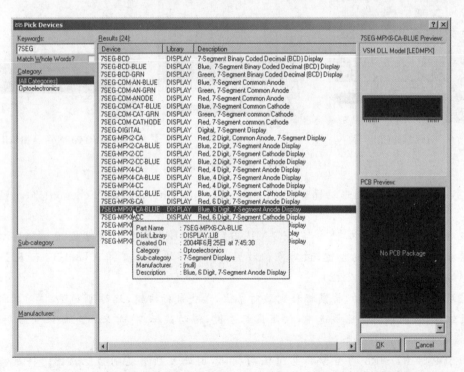

图 2-9　搜索"7SEG"并将"7SEG-MPX6-CA-BLUE"添加至对象选择器窗口

将"RES"（电阻）添加至对象选择器窗口。单击"OK"按钮，结束对象选择。

经过以上操作，在对象选择器窗口中，已有 AT89C51、7SEG-MPX6-CA-BLUE、RES 3 个元器件对象。若单击"AT89C51"，在预览窗口中，可见到 AT89C51 的实物图，如图 2-11(a)所示；

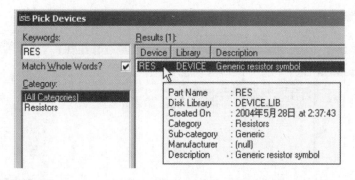

图 2-10　搜索并添加"RES"至对象选择器窗口

若单击"RES"或"7SEG-MPX6-CA-BLUE",在预览窗口中,可见到 RES 和 7SEG-MPX6-CA-BLUE 的实物图,如图 2-11(b)和图 2-11(c)所示。此时,我们已注意到,在绘图工具栏中的元器件按钮 ⇨ 处于选中状态。

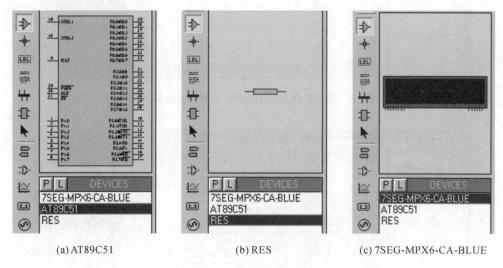

(a) AT89C51　　　　　　(b) RES　　　　　　(c) 7SEG-MPX6-CA-BLUE

图 2-11　所选对象的实物图

(2) 放置元器件至图形编辑窗口("Placing Components onto the Schematic"),如图2-12所示。

在对象选择器窗口中,选中"7SEG-MPX6-CA-BLUE",将鼠标置于图形编辑窗口该对象的欲放位置并单击鼠标左键,该对象被放置。用同样的方法可将 AT89C51 和 RES 放置到图形编辑窗口中(见图 2-12)。

若对象位置需要移动,将鼠标移到该对象上,单击鼠标右键,此时可发现,该对象的颜色已变至红色,表明该对象已被选中,按下鼠标左键,拖动鼠标,将对象移至新位置后,松开鼠标,完成移动操作。

由于电阻 R1～R8 的型号和电阻值均相同,因此可利用复制功能作图。将鼠标移到R1,单击鼠标右键,选中 R1,在标准工具栏中,单击复制按钮 ,拖动鼠标,按下鼠标左键,将对象复制到新位置,如此反复,最后按下鼠标右键,结束复制。此时,我们已经注意到,系统已自动标示电阻名加以区分,如图 2-13 所示。

(3) 放置总线至图形编辑窗口。

单击绘图工具栏中的总线按钮 ,使之处于选中状态。将鼠标置于图形编辑窗口,单击

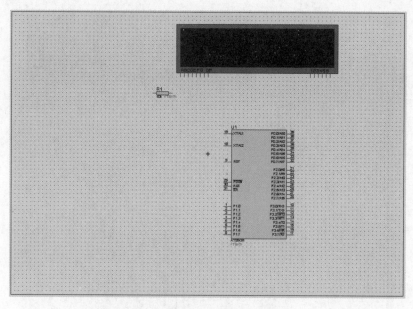

图 2-12　放置元器件至图形编辑窗口

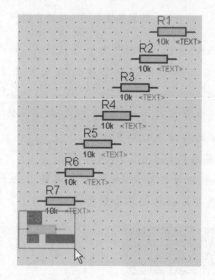

图 2-13　电阻对象的复制

　　鼠标左键，确定总线的起始位置；移动鼠标，屏幕上出现粉红色细直线，找到总线的终了位置，单击鼠标左键，再单击鼠标右键，以表示确认并结束画总线操作。确认结束后，粉红色细直线被蓝色粗直线所替代，如图 2-14 所示。

　　（4）完成元器件之间的连线（"Wiring Up Components on the Schematic"）。

　　Proteus 仿真软件的智能化在于，它可以在用户想要画线的时候进行自动检测。下面，我们来操作将电阻 R1 的右端连接到 LED 显示器的 A 端。当鼠标的指针靠近 R1 右端的连接点时，R1 的右端就会出现一个"×"号，表明找到了 R1 的连接点，单击鼠标左键，移动鼠标（不用按住鼠标左键），将鼠标的指针靠近 LED 显示器的 A 端的连接点时，A 端就会出现一个"×"号，表明找到了 LED 显示器的连接点，同时屏幕上出现了粉红色的连接线，单击鼠标左键，粉红色的连接线变成了深绿色，同时，由直线自动变成了 90° 的折线，这是因为我们选

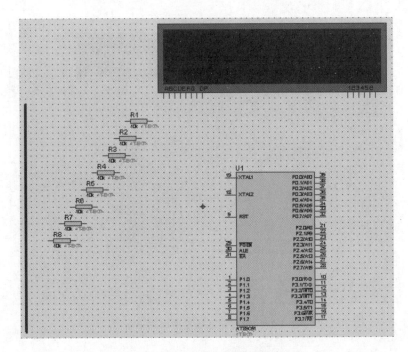

图 2-14　放置总线至图形编辑窗口

中了线路自动路径(简称 WAR)功能,当选中两个连接点后,WAR 将选择一个合适的路径连线。WAR 可通过使用标准工具栏里的命令按钮 来关闭或打开,也可以在菜单栏的"Tools"下找到这个功能选项。

用同样的方法,我们可以完成其他连线,如图 2-15 所示。在连线过程中的任何时刻,都可以按 ESC 键或者单击鼠标的右键来放弃画线。

(5) 完成元器件与总线的连线,如图 2-16 所示。

画总线的时候为了和一般的导线区分,我们一般用斜线来表示分支线。此时我们需要自己决定走线路径,只需在想要的拐点处单击鼠标左键即可。

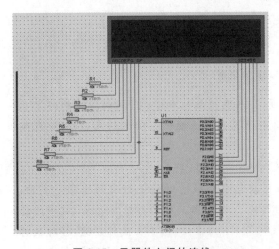

图 2-15　元器件之间的连线

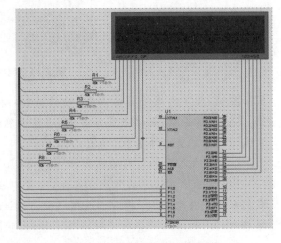

图 2-16　元器件与总线的连线

(6) 给与总线连接的导线贴标签("Part Labels")。

单击绘图工具栏中的导线标签按钮 ,使之处于选中状态。将鼠标置于图形编辑窗口中欲标标签的导线上,导线上就会出现一个"×"号,如图 2-17 所示,这表明找到了可以标注的导线,单击鼠标左键,弹出编辑导线标签窗口,如图 2-18 所示。

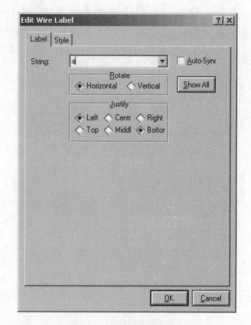

图 2-17 找到可以标注的导线   图 2-18 编辑导线标签窗口

在"String"栏中,输入标签名称(如"a"),单击"OK"按钮,结束对该导线标签的编辑。用同样的方法,可以标注其他导线的标签,如图 2-19 所示。

> **注意:**
> 在标定导线标签的过程中,相互接通的导线必须标注相同的标签名。

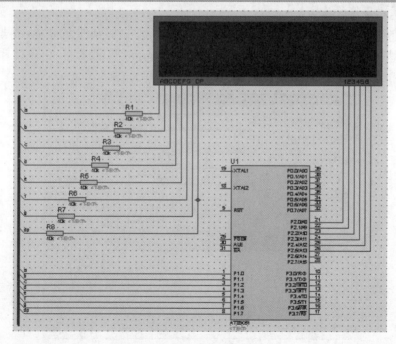

图 2-19 完成导线标签的标注

至此，我们便完成了整个电路图的绘制。

2）Proteus 仿真

（1）进入 Keil C51 开发集成环境，创建一个名为"extmem"的新项目，为该项目选定合适的单片机 CPU 器件（如 Atmel 公司的 AT 89C51），并为该项目加入 Keil C51 源程序。

源程序如下：

```c
//extmem.c
# include <reg51.h>

unsigned char code Select[]={0x01,0x02,0x04,0x08,0x10,0x20};        //LED选通信号
unsigned char code LED_CODES[]={0xc0,0xF9,0xA4,0xB0,0x99,0x92};    //0～5

void main(){
    char i=0;
    long int j;
    while(1){
        P2=0;
        P1=LED_CODES[i];
        P2=Select[i];
        for(j=3000;j>0;j--);    //该 LED 模型靠脉冲点亮，并会自动熄灭
        //修改循环次数，改变点亮下一位之前的延时，可得到不同的显示效果
        i++;
        if(i>5) i=0;
    }
}
```

（2）将前步的项目编译，生成 EXTMEM. HEX 文件。

（3）设置元器件的属性。

在图形编辑窗口内，将鼠标置于单片机上，单击鼠标右键，选中该对象，单击鼠标左键，进入对象属性编辑设置页面，如图 2-20 所示。在"Program File"选项中，通过打开按钮，添加程序执行文件。

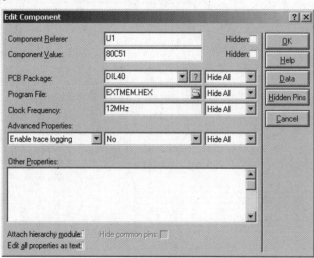

图 2-20　设置元器件的属性

（4）Proteus 仿真调试。

单击仿真运行按钮 ▶ ，我们能清楚地观察到每一个引脚的电平变化，红色代表高电平，蓝色代表低电平。在 LED 显示器上，循环显示 0、1、2、3、4、5。

第**3**章 STC-ISP 软件的使用

STC-ISP 软件可以把项目的 HEX 文件下载到开发平台单片机中。下载程序前要安装好开发平台的驱动程序。最新版的 STC-ISP 软件可以从 STC 官网免费下载。下载后解压,无须安装,直接可以使用。

最新的 STC-ISP 下载控制软件 V6.87 的界面如图 3-1 所示。该软件版本新增了许多功能(如扫描当前系统中可用的串口、波特率计算器、软件延时计算器、选型/价格/样品表等)。下文将详细介绍 STC-ISP V6.87 的各个功能。

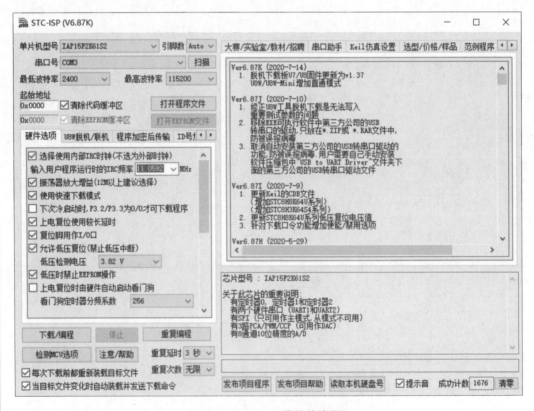

图 3-1 STC-ISP 下载软件的界面

一般情况下,USB 驱动安装正确,计算机与开发平台用 USB 线正常连接时,STC-ISP 软件会自动识别单片机型号和端口号。STC-ISP 下载软件界面左边主要选项或按钮的作用如图 3-2 所示,用户只需点击"打开程序文件",选择目标程序编译所得的 HEX 文件,然后点击"下载/编程"按钮,即可完成程序下载。必要时可选择内部 IRC 时钟频率。初学者不建议修改其他默认设置。

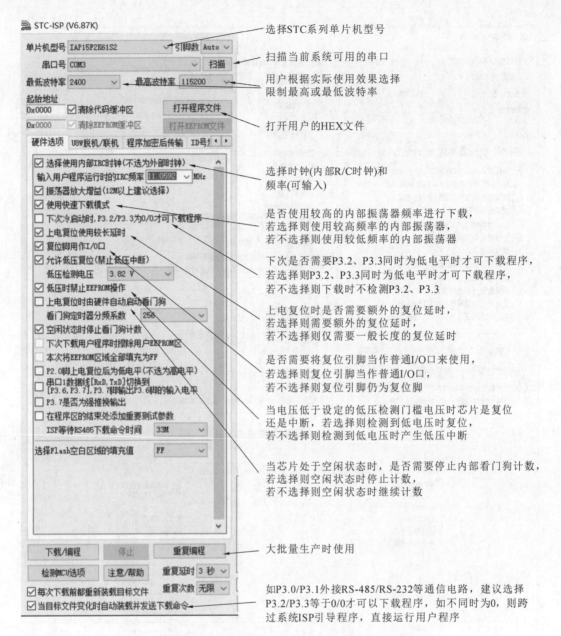

选择STC系列单片机型号

扫描当前系统可用的串口

用户根据实际使用效果选择
限制最高或最低波特率

打开用户的HEX文件

选择时钟(内部R/C时钟)和
频率(可输入)

是否使用较高的内部振荡器频率进行下载,
若选择则使用较高频率的内部振荡器,
若不选择则使用较低频率的内部振荡器

下次是否需要P3.2、P3.3同时为低电平时才可下载程序,
若选择则P3.2、P3.3同时为低电平时才可下载程序,
若不选择则下载时不检测P3.2、P3.3

上电复位时是否需要额外的复位延时,
若选择则需要额外的复位延时,
若不选择则仅需要一般长度的复位延时

是否需要将复位引脚当作普通I/O口来使用,
若选择则复位引脚当作普通I/O口,
若不选择则复位引脚仍为复位脚

当电压低于设定的低压检测门槛电压时芯片是复位
还是中断,若选择则检测到低电压时复位,
若不选择则检测到低电压时产生低压中断

当芯片处于空闲状态时,是否需要停止内部看门狗计数,
若选择则空闲状态时停止计数,
若不选择则空闲状态时继续计数

大批量生产时使用

如P3.0/P3.1外接RS-485/RS-232等通信电路,建议选择
P3.2/P3.3等于0/0才可以下载程序,如不同时为0,则跨
过系统ISP引导程序,直接运行用户程序

图 3-2　STC-ISP 下载软件界面左边主要选项或按钮的作用

在 STC-ISP 界面右边功能区域,右键单击"串口助手"选项会弹出 5 个可独立使用的工具的菜单,如图 3-3 所示。分别点击这 5 个工具,可得到这 5 个工具的界面。

串口助手在我们进行串口调试时非常有用,其界面如图 3-4 所示。

我们在使用串口和定时器的时候要对一些寄存器进行配置,这就需要我们对每个寄存器的每一位都非常熟悉,否则在计算初值的时候容易算错。使用波特率计算器和定时器计算器后,我们只要给出参数,这 2 种工具就能为我们配置好寄存器和定时器的初值,并生成串口初始化和定时器初始化的程序,我们可以方便地把已初始化的代码复制到自己的项目中。这 2 种工具的界面如图 3-5 和图 3-6 所示。

在设计软件延时程序时,我们要反复尝试计算机器周期。用软件延时计算器工具,只需要输入系统频率和定时长度就可以生成延时函数供我们使用。软件延时计算器工具界面如

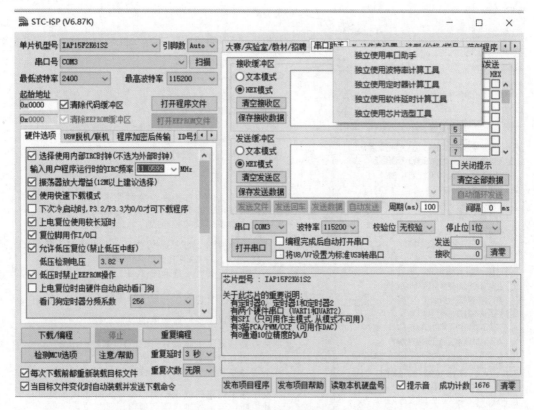

图 3-3　可独立使用的工具

图 3-4　串口助手

图 3-7 所示。

我们提出对芯片的要求，芯片选型工具会为我们推荐合适的芯片，并列出其各项参数和价格。芯片选型工具界面如图 3-8 所示。

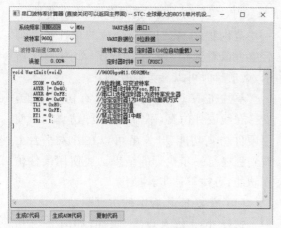

图 3-5　波特率计算器

图 3-7　软件延时计算器

（右上图）

图 3-6　定时器计算器

（右中图）

图 3-8　芯片选型工具

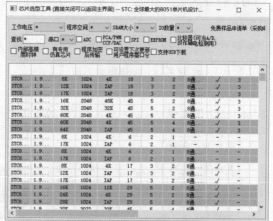

STC-ISP V6.87 软件还设计了"Keil 仿真设置"选项，如图 3-9 所示。

最新的 STC-ISP V6.87 软件还包含了头文件，供用户查询和复制。"头文件"选项界面如图 3-10 所示。

图 3-9　"Keil 仿真设置"选项界面

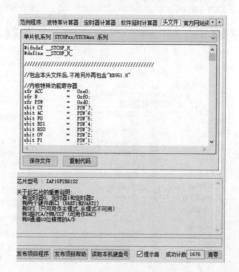

图 3-10　"头文件"选项界面

图 3-11 范例程序界面

STC 公司为不同系列的单片机提供了一些范例程序,我们选择合适的单片机系列后就可以看到相应的范例程序,如图 3-11 所示,做项目时可以参考或复制。

单片机 IAP15F2K61S2 具有仿真功能,支持在线硬件仿真,不需编程器/仿真器。使用硬件仿真功能,开发者可以在开发平台上看到程序每一步执行的结果。要使用硬件仿真功能,可按下述步骤操作。

(1)安装 Keil 版本的仿真驱动。

选择"Keil 仿真设置"页面,如图 3-12 所示,点击"添加型号和头文件到 Keil 中,添加 STC 仿真器驱动到 Keil 中",在出现的图 3-13 所示的目录选择窗口中,定位到 Keil 的安装目录(一般可能为"C:\Keil_v5\"),单击"确定"后出现图 3-13 所示的提示信息,表示安装成功。添加头文件的同时也会安装 STC 的 Monitor51 仿真驱动 stcmon51. dll,驱动与头文件的安装目录如图 3-12 所示。

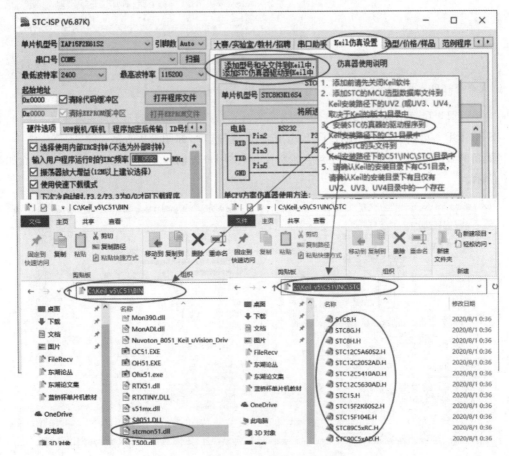

图 3-12 进入"Keil 仿真设置"界面

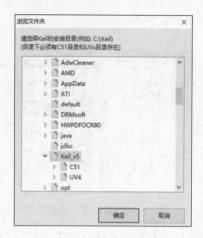

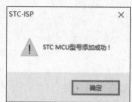

图 3-13　在 Keil 中添加 MCU

（2）在 Keil 中创建项目。

若驱动安装成功,则在 Keil 中新建项目并选择芯片型号时,便会有"STC MCU Database"的选择项,将其选中,如图 3-14 所示。

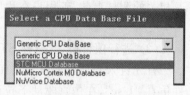

图 3-14　选择"STC MCU Database"

然后,从列表中选择相应的 MCU 型号(目前 STC 支持仿真的型号只有 STC15F2K60S2,所以我们在此选择"STC15F2K60S2",如图 3-15 所示),点击"OK"完成选择。

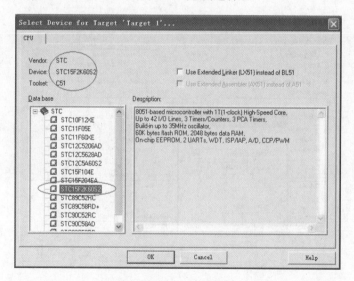

图 3-15　选择"STC15F2K60S2"

添加源代码文件到项目中,如图 3-16 所示。

保存项目,若编译无误,则可以进行下面的项目设置。

说明:当创建的是 C 语言项目,且已将启动文件"STARTUP.A51"添加到项目中,则里面有一个命名为"IDATALEN"的宏定义,它是用来定义 IDATA 大小的一个宏,默认值是128,即十六进制的 80H(见图 3-17),同时它也是启动文件中需要初始化为 0 的 IDATA 的大小,所以,如果 IDATA 定义为 80H,那么 STARTUP.A51 里面的代码会将 IDATA 的00~7F 的 RAM 初始化为 0;同样,若将 IDATA 定义为 0FFH,则会将 IDATA 的 00~FF

的 RAM 初始化为 0。

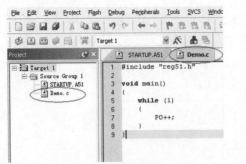

图 3-16　添加源代码文件

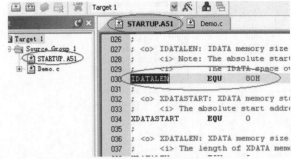

图 3-17　IDATALEN 定义

虽然 STC15F2K60S2 系列的单片机的 IDATA 大小为 256 字节（00～7F 的 DATA 和 80H～FFH 的 IDATA），但由于 STC15F2K60S2 在 RAM 的最后 17 个字节有写入 ID 号以及相关的测试参数，若用户在程序中需要使用这一部分数据，则一定不要将 IDATALEN 定义为 256。

（3）进行项目设置，选择 STC 仿真驱动。

首先进入到项目的设置页面，选择"Debug"设置页，如图 3-18 所示，然后选择右侧的硬件仿真 "Use"，在仿真驱动下拉列表中选择"STC Monitor-51 Driver"项，单击 "Settings"按钮，进入图 3-19 所示的设置画面，对串口的端口号和波特率进行设置。波特率一般选择"115200"或者"57600"。到此设置便完成了。

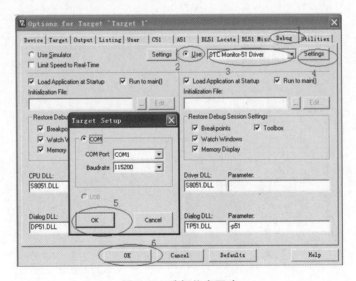

图 3-18　选择仿真驱动

（4）创建仿真芯片。

准备一块 IAP15F2K61S2 或者 IAP15L2K61S2 芯片，并通过下载板连接到电脑的串口，再通过选择正确的芯片型号，进入到"Keil 仿真设置"页面，点击"将 IAP15F2K61S2 设置为 2.0 版仿真芯片"按钮或者"将 IAP15L2K61S2 设置为 2.0 版仿真芯片"按钮（见图 3-19），当程序下载完成后仿真器便制作完成了。

（5）开始仿真。

将制作完成的仿真芯片通过串口与电脑相连接。

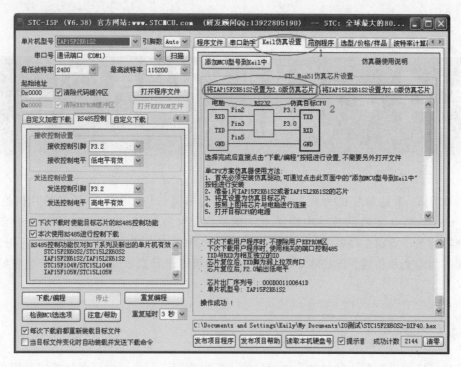

图 3-19　设置仿真芯片

　　将前面我们所创建的项目编译至没有错误后，按"Ctrl"＋"F5"开始调试。

　　若硬件连接无误，将会进入到类似图 3-20 所示的调试界面，并在命令输出窗口显示当前的仿真驱动版本号和当前仿真监控代码固件的版本号。断点设置目前最多允许 20 个（理论上可设置任意个，但是断点设置得过多会影响调试的速度）。

图 3-20　Keil 仿真调试界面

第4章 单片机开发语言 C51 基础知识

本章以 51 系列单片机为背景，结合标准 C 的相关知识，介绍 51 系列单片机的 C 语言——C51 的特点、C51 程序结构特点、C51 的标识符和关键字、数据类型、数据的存储种类和存储器类型。要求重点掌握 C51 数据的存储种类和存储器类型、C51 对 SFR、可寻址位、存储器等的定义和访问。学完本章之后，读者将对程序设计以及 C 语言有一个完整的初步印象。

4.1 C51 概述

单片机应用系统是由硬件和软件组成的。前面我们讲到的汇编语言是能够利用单片机所有特性直接控制硬件的唯一语言，对于一些需要直接控制硬件的场合，汇编语言是必不可少的。但汇编语言不是一种结构化的程序设计语言，对于较复杂的单片机应用系统，它的编写效率很低。

为了提高软件的开发效率，许多软件公司致力于单片机高级语言的开发研究，许多型号的单片机内部 ROM 已经达到 64 KB 甚至更大，且具备在线编程（in-system programmability，ISP）功能，进一步推动了高级语言在单片机应用系统开发中的应用。

51 系列单片机支持三种高级语言，即 PL/M、BASIC 和 C。

PL/M 是一种结构化的语言，很像 PASCAL，PL/M 编译器就像汇编器一样产生紧凑的机器代码，可以说是高级汇编语言，但它不支持复杂的算术运算，无丰富库函数支持，学习 PL/M 无异于学习一种新的语言。

BASIC 语言适用于简单编程而对编程效率、运行速度要求不高的场合，单片机内固化有 BASIC 语言解释器。

C 语言是美国国家标准研究所（ANSI）制定的标准编程语言，1987 年 ANSI 公布 87 ANSI C，即标准 C 语言。C 语言作为一种非常方便的语言而得到广泛的支持，很多硬件开发（如各种单片机、DSP、ARM 等）都用 C 语言编程。C 语言程序本身不依赖于机器硬件系统，基本上不做修改或仅做简单修改就可将程序从不同的单片机中移植过来直接使用。C 语言提供了很多数学函数并支持浮点运算，开发效率高，故可缩短开发时间，增加程序可读性和可维护性。

单片机的 C 语言编程称为 C51 编程。C51 语言是 C 语言在 ANSI C 的基础上针对 51 系列单片机的硬件特点进行的扩展，并向 51 系列单片机上移植，经过多年努力，C51 语言已经成为公认的高效、简洁而又贴近 51 系列单片机硬件的实用高级编程语言。

用 C51 语言编写的应用程序必须经专门 C 语言编译器编译生成可以在单片机上运行的可执行文件。支持 51 系列单片机的 C 语言编译器有很多种，如 Tasking Crossview51、Keil/

Franklin C51(一般称为 Keil C51)、IAR EW8051 等,其中最为常见的单片机编译器为 Keil C51。

Keil C51 在兼容 ANSI C 的基础上,又增加了很多与 51 系列单片机硬件相关的编译特性,使得开发 51 系列单片机程序更为方便和快捷,程序代码运行速度快,所需存储器空间小,完全可以和汇编语言相媲美。它支持众多的 MCS-51 架构的芯片,同时集编辑、编译、仿真等功能于一体,具有强大的软件调试功能,是众多单片机应用开发软件中较优秀的软件之一。

Keil 公司已推出 V7.0 以上版本的 C51 编译器,并将其完全集成到功能强大的集成开发环境(IDE)μVision 中,该环境下集成了文件编辑处理、编译连接、项目管理、窗口与工具引用和仿真软件模拟器以及 Monitor51 硬件目标调试器等多种功能。Keil μVision 内部集成了源程序编辑器,并允许用户在编辑源程序文件时就设置程序调试断点,便于在程序调试过程中快速检查和修改程序。此外,Keil μVision 还支持软件模拟仿真("Simulator")和用户目标板调试("Monitor51")两种工作方式。在软件模拟仿真方式下不需任何 51 系列单片机及其外围硬件即可完成用户程序仿真调试。

1. C51 语言的优点

与汇编语言编程相比,应用 C51 语言编程具有以下优点:

(1) C51 编译器管理内部寄存器和存储器的分配,编程时,无须考虑不同存储器的寻址和数据类型等细节问题;

(2) 程序有规范的结构,可分成不同的函数,这种方式具有良好的模块化结构,使已编好的程序容易移植;

(3) 有丰富的子程序库可直接引用,具有较强的数据处理能力,从而可大大减少用户编程的工作量。

C51 语言和汇编语言可以交叉使用。汇编语言程序代码短,运行速度快,但复杂运算编程耗时。用汇编语言编写与硬件有关部分的程序,用 C51 语言编写与硬件无关的运算部分程序,可充分发挥两种语言的长处,提高开发效率。

C51 语言的基本语法与标准 C 语言相同,但对标准 C 语言进行了扩展。单片机 C 编译器之所以与 ANSI C 有所不同,主要是因为它所针对的硬件系统有其各自的特点。C51 语言的特点和功能主要是由 51 系列单片机自身特点决定的。

2. C51 语言与标准 C 语言的区别

C51 语言与标准 C 语言的主要区别如下:

(1) 头文件:单片机有不同的厂家和系列,不同单片机的主要区别在于内部资源,为了实现内部资源功能,只需将相应的功能寄存器的头文件加载在程序中,就可实现指定的功能。因此,C51 系列头文件集中体现了该系列芯片的不同功能。

(2) 数据类型:51 系列器件包含了位操作空间和丰富的位操作指令,因此 C51 语言在 ANSI C 的基础上扩展了 4 种数据类型,以便灵活地进行操作。

(3) 数据存储类型:通用计算机采用的是程序和数据统一寻址的冯·诺依曼结构,而 51 系列单片机采用哈佛结构,有程序存储器和数据存储器,数据存储器又分片内和片外,片内数据存储器还分直接寻址区和间接寻址区,因此 C51 语言专门定义了与以上存储器相对应的数据存储类型,包括 code、data、idata、xdata 以及根据 51 系列单片机特点而设定的 pdata 类型。

（4）中断处理：标准 C 语言没有处理中断的定义，而 C51 语言为了处理单片机的中断，专门定义了 interrupt 关键字。

（5）数据运算操作和程序控制：从数据运算操作和程序控制语句以及函数的使用上来讲，C51 语言与标准 C 语言几乎没有什么明显的差别。只是由于单片机系统的资源有限，它的编译系统不允许太多的程序嵌套。同时，由于 51 系列单片机是 8 位机，所以扩展 16 位字符不被 C51 语言支持。ANSI C 所具备的递归特性也不被 C51 语言支持，所以在 C51 语言中如果要使用递归特性，必须用 reentrant 关键字声明。

（6）库函数：标准 ANSI C 部分库函数不适合单片机，因此被排除在外，如字符屏幕和图形函数。也有一些库函数在 C51 语言中继续使用，但这些库函数是厂家针对硬件特点相应开发的，与 ANSI C 的构成和用法有很大的区别，如 printf 和 scanf。在 ANSI C 中，这两个函数通常用于屏幕打印和接收字符，而在 C51 语言中，主要用于串口数据的发送和接收。

同标准 C 语言一样，C51 语言的程序是由函数组成的。C 语言的函数以"{"开始，以"}"结束。其中必须有一个主函数 main()，程序的执行从主函数 main() 开始，调用其他函数后返回主函数，最后在主函数中结束整个程序，而不管函数的排列顺序如何。

C51 程序的组成结构示意如下：

```
全局变量说明              /*可被各函数引用*/
main()                  /*主函数*/
{
    局部变量说明          /*只在本函数引用*/
    执行语句(包括函数调用语句);
}
fun1(形式参数表)          /*函数 1*/
形式参数说明
{
局部变量说明
执行语句(包括调用其他函数语句)
}
        ⋮
funn(形式参数表)          /*函数 n*/
形式参数说明
{
局部变量说明
执行语句
}
```

4.2 C51 的关键字与数据类型

标识符用来标识源程序中某个对象的名字，这些对象可以是语句、数据类型、函数、变量、数组等。标识符区分大小写，第一个字符必须是字母或下划线。

C51 语言中有些库函数的标识符是以下划线开头的，所以一般不要以下划线开头命名标识符。C51 编译器规定标识符最长可达 255 个字符，但只有前面 32 个字符在编译时有效，因此，在编写源程序时，标识符的长度不要超过 32 个字符，这个长度对于一般应用程序来说已经够用了。

关键字是编程语言保留的特殊标识符,有时又称为保留字,它们具有固定名称和含义。在 C 语言的程序编写中不允许标识符与关键字相同。与其他计算机语言相比,C 语言的关键字较少,ANSI C 一共规定了 32 个关键字,如表 4-1 所示。

表 4-1　ANSI C 的关键字

关键字	用　　途	说　　明
auto	存储种类说明	用以说明局部变量,缺省值为此
break	程序语句	退出最内层循环体
case	程序语句	switch 语句中的选择项
char	数据类型说明	单字节整型数或字符型数据
const	存储类型说明	在程序执行过程中不可更改的常量值
continue	程序语句	转向下一次循环
default	程序语句	switch 语句中的失败选择项
do	程序语句	构成 do…while 循环结构
double	数据类型说明	双精度浮点数
else	程序语句	构成 if…else 选择结构
enum	数据类型说明	枚举
extern	存储种类说明	在其他程序模块中说明了的全局变量
float	数据类型说明	单精度浮点数
for	程序语句	构成 for 循环结构
goto	程序语句	构成 goto 转移结构
if	程序语句	构成 if…else 选择结构
int	数据类型说明	基本整型数
long	数据类型说明	长整型数
register	存储种类说明	使用 CPU 内部寄存的变量
return	程序语句	函数返回
short	数据类型说明	短整型数
signed	数据类型说明	有符号数,二进制数据的最高位为符号位
sizeof	运算符	计算表达式或数据类型的字节数
static	存储种类说明	静态变量
struct	数据类型说明	结构类型数据
switch	程序语句	构成 switch 选择结构
typedef	数据类型说明	重新进行数据类型定义
union	数据类型说明	联合类型数据
unsigned	数据类型说明	无符号数据
void	数据类型说明	无类型数据
volatile	数据类型说明	该变量在程序执行中可被隐含地改变
while	程序语句	构成 while 和 do…while 循环结构

　　Keil C51 编译器除了支持 ANSI C 的 32 个关键字外,还根据 51 系列单片机的特点扩展了相关的关键字,如表 4-2 所示。在 Keil C51 开发环境的文本编辑器中编写 C 程序,系统可以把保留字以不同颜色显示,缺省颜色为蓝色。

表 4-2　C51 的扩展关键字

关键字	用　　途	说　　明
_at_	地址定位	为变量定义存储空间绝对地址
alien	函数特性说明	声明与 PL/M51 兼容的函数
bdata	存储器类型说明	可位寻址的内部 RAM
bit	位标量声明	声明一个位标量或位类型的函数
code	存储器类型说明	程序存储器空间
compact	存储器模式	使用外部分页 RAM 的存储模式
data	存储器类型说明	直接寻址的 8051 内部数据存储器
idata	存储器类型说明	间接寻址的 8051 内部数据存储器
interrupt	中断函数声明	定义一个中断函数
large	存储器模式	使用外部 RAM 的存储模式
pdata	存储器类型说明	分页寻址的 8051 外部数据存储器
priority	多任务优先声明	RTX51 的任务优先级
reentrant	再入函数声明	定义一个再入函数
sbit	位变量声明	声明一个可位寻址变量
sfr	特殊功能寄存器声明	声明一个特殊功能寄存器(8 位)
sfr16	特殊功能寄存器声明	声明一个 16 位的特殊功能寄存器
small	存储器模式	内部 RAM 的存储模式
task	任务声明	定义实时多任务函数
using	寄存器组定义	定义 8051 的工作寄存器组
xdata	存储器类型说明	8051 外部数据存储器

　　C51 编译器支持的基本数据类型如表 4-3 所示。

表 4-3　C51 编译器支持的基本数据类型

数　据　类　型		长　　度	取　值　范　围
位型	bit	1 bit	0 或 1
字符型	signed char	1 B	−128~127
	unsigned char	1 B	0~255
整型	signed int	2 B	−32 768~32 767
	unsigned int	2 B	0~65 535
	signed long	4 B	−2 147 483 648~2 147 483 647
	unsigned long	4 B	0~4 294 967 295

续表

数 据 类 型		长 度	取 值 范 围
实型	float	4 B	$1.176 \times 10^{-38} \sim 3.40 \times 10^{38}$
指针型	data/idata/ pdata	1 B	1 字节地址
	code/xdata	2 B	2 字节地址
	通用指针	3 B	其中第 1 字节为储存器类型编码,第 2、3 字节为地址偏移量
访问 SFR 的数据 类型	sbit	1 bit	0 或 1
	sfr	1 B	0~255
	sfr16	2 B	0~65 535

C51 编译器支持 ANSI C 所有的基本数据类型。C51 编译器除了能支持 ANSI C 的基本数据类型,还能支持 ANSI C 的组合型数据类型,如数组类型、指针类型、结构类型、联合类型等数据类型。

根据 51 系列单片机的存储空间结构,C51 在标准 C 的基础上,扩展了 4 种数据类型,即 bit、sfr、sfr16 和 sbit。

1. 位变量 bit

用 bit 可以定义位变量,但不能定义位指针和位数组。用 bit 定义的位变量的值可以是 1(true),也可以是 0(false)。位变量必须定位在单片机片内 RAM 的位寻址空间中。

Borland C 和 Visual C/C++中也有位(变量)数据类型(Boolean 型)。但是,在 x86 结构的系统中没有专用的位变量存储区域,位变量存放在一个字节的存储单元中,而 51 系列单片机的 CPU 内部支持 128 位的可位寻址存储区间(字节地址为 20H~2FH),当程序设计者在程序中使用了位变量,并且使用的位变量个数小于 128 时,C51 编译器自动将这些变量存放在 51 系列单片机的可位寻址存储区间内,每个变量占用 1 位存储空间,1 个字节可以存放 8 个位变量。

(1) 位变量的一般语法格式如下:

```
bit  位变量名;
```

例如:

```
bit  direction_bit;     /*把 direction_bit 定义为位变量*/
bit  look_pointer;      /*把 look_pointer 定义为位变量*/
```

(2) 函数可包含类型为"bit"的参数,也可以将其作为返回值。

例如:

```
bit  func(bit b0, bit b1)    /*变量 b0,b1 作为函数的参数*/
{
    return (b1);             /*变量 b1 作为函数的返回值*/
}
```

2. 特殊功能寄存器 sfr

这种数据类型在 C51 编译器中等同于 unsigned char 数据类型,占用一个内存单元,用于定义和访问 51 系列单片机的特殊功能寄存器(特殊功能寄存器定义在片内 RAM 区的高 128 字节中)。

使用 sfr 定义特殊功能寄存器的格式如下:

```
sfr 寄存器名=寄存器地址;
```

其中寄存器名必须大写。

例如：

```
sfr SCON=0x98;        /*串行通信控制寄存器地址为 98H*/
sfr TMOD=0x89;        /*定时器模式控制寄存器地址为 89H*/
sfr ACC=0xe0;         /*A 累加器地址为 E0H*/
sfr P1=0x90;          /*P1 端口地址为 90H*/
```

定义了特殊功能寄存器以后，程序中就可以直接引用寄存器，对其进行相关的操作。

3. 特殊功能寄存器 sfr16

sfr16 数据类型占用两个内存单元。sfr16 和 sfr 一样用于操作特殊功能寄存器。所不同的是，sfr16 定义的是 16 位的特殊功能寄存器（如定时计数器 T0、T1，数据指针寄存器 DPTR）。

例如：

```
sfr16 DPTR=0x82;        /*数据指针寄存器 DPTR,其低 8 位字节地址为 82H*/
```

4. 可寻址位 sbit

sbit 可以访问芯片内部的 RAM 中的可寻址位和特殊功能寄存器中的可寻址位。

用 sbit 定义特殊功能寄存器的可寻址位有三种方法。

第一种：

```
sbit 位变量名=位地址;
```

将位的绝对地址赋给位变量，位地址必须位于 0x80H～0xFF 之间（高 128 B）。

例如：

```
sbit CY=0xD7;
```

第二种：

```
sbit 位变量名=特殊功能寄存器名^位位置;
```

当可寻址位位于特殊功能寄存器中时，可采用这种方法（高 128 B）。

例如：

```
sfr PSW=0xd0;        /*定义 PSW 寄存器地址为 0xd0*/
sbit PSW^2 =0xd2;    /*定义 OV 位为 PSW.2*/
```

这里位运算符"^"相当于汇编语言中的"·"，其后的最大取值依赖于该位所在的变量的类型，如定义为 char 最大值只能为 7。

第三种：

```
sbit 位变量名=字节地址^位位置;
```

这种情况下，字节地址必须在 0x80H～0xFF 之间（高 128 B）。

例如：

```
sbit CY=0xd0^7;
```

sbit 也可以访问 51 系列单片机内可位寻址区间（bdata 存储器类型，字节地址为 20H～2FH）范围的可寻址位。

例如：

```
int bdata bi_var1;                 /*在位寻址区定义了一个整型变量*/
sbit bi_var1_bit0=bi_var1^0;       /*位变量 bi_var1_bit0 访问 bi_var1 第 0 位*/
```

❯ 注意：

不要把 bit 与 sbit 混淆。bit 用来定义普通的位变量，值只能是二进制的 0 或 1，而 sbit 定义的是特殊功能寄存器的可寻址位，其值是可进行位寻址的特殊功能寄存器的位绝对地址。

另外,C51 编译器建有头文件 reg51.h、reg52.h,在这些头文件中对 51 或 52 系列单片机所有的特殊功能寄存器进行了 sfr 定义,对特殊功能寄存器的有位名称的可寻址位进行了 sbit 定义。因此,在编写程序时,只要包含语句

```
# include <reg51.h>
```

或

```
# include <reg52.h>
```

就可以直接引用特殊功能寄存器名,或直接引用位变量。

定义变量类型应考虑:程序运行时该变量可能的取值范围,是否有负值,绝对值有多大,以及相应需要的存储空间大小。在够用的情况下,尽量选择 1 个字节的 char 型,特别是 unsigned char。对于 51 系列这样的定点机而言,浮点类型变量将明显增加运算时间和程序长度,如果可以的话,尽量使用灵活巧妙的算法来避免浮点变量的引入。

在实际编程过程中,为了方便,我们常常使用简化形式定义数据类型。其方法是在源程序开头使用♯define 语句自定义简化的类型标识符。例如:

```
# define uchar unsigned char
# define uint unsigned int
```

这样,在编程过程中,就可以用 uchar 代替 unsigned char,用 uint 代替 unsigned int 来定义变量。

4.3 C51 的存储种类和存储模式

C51 编译器通过将变量、常量定义成不同存储类型的方法,将它们定义在单片机的不同存储区中。

同 ANSI C 一样,C51 语言规定变量必须先定义、后使用。C51 语言对变量进行定义的格式如下:

```
[存储种类] 数据类型 [存储器类型] 变量名表;
```

其中,存储种类和存储器类型是可选项。

按变量的有效作用范围,可以将 C51 变量划分为局部变量和全局变量;还可以按变量的存储方式为其划分存储种类。

在 C 语言中,变量有四种存储种类,即自动(auto)、静态(static)、寄存器(register)和外部(extern)。

这四种存储种类与变量间的关系如图 4-1 所示。

图 4-1　存储种类与变量间的关系

1. 自动变量(auto)

定义一个变量时,在变量名前面加上存储种类说明符"auto",即将该变量定义为自动变量。自动变量是 C 语言中使用最为广泛的一类变量,定义变量时,如果省略存储种类,则该

变量默认为自动变量。

自动变量的作用范围在定义它的函数体或复合语句内部,只有在定义它的函数内被调用或是定义它的复合语句被执行时,编译器才为其分配内存空间,开始其生存期。当函数调用结束返回或复合语句执行结束时,自动变量所占用的内存空间就被释放,变量的值也就不复存在,其生存期结束。自动变量始终是相对于函数或复合语句的局部变量。

2. 静态变量(static)

使用存储种类说明符"static"定义的变量称为静态变量。静态变量分为内部静态变量和外部静态变量。

内部静态变量不像自动变量那样只有当函数调用它时才存在,内部静态变量始终都是存在的,但只能在定义它的函数内部进行访问,退出函数之后,变量的值仍然保持,但不能进行访问。内部静态变量是一种在两次函数调用之间仍能保持其值的局部变量。有些程序需要在多次调用之后仍然保持变量的值,使用自动变量无法实现这一点,使用全局变量有时又会带来意外的"副作用",这时就可采用内部静态变量。

外部静态变量是在函数外部被定义的,作用范围是从它的定义点开始,一直到程序结束。当一个 C 语言程序由若干个模块文件所组成时,外部静态变量始终存在,但它只能在被定义的模块文件中访问,其数据值可为该文件内的所有函数共享,退出该文件后,虽然变量的值仍能保持,但不能被其他模块文件访问。

3. 寄存器变量(register)

为了提高程序的执行效率,C 语言允许将一些使用频率极高的变量定义为能够直接使用硬件寄存器的变量,即所谓寄存器变量。

定义一个变量时,在变量名前冠以存储种类符号"register"即将该变量定义成了寄存器变量。

寄存器变量可以被认为是自动变量的一种,它的有效作用范围也与自动变量相同。

C51 编译器能够识别程序中使用频率极高的变量,在可能的情况下,即使程序中并未将该变量定义为寄存器变量,编译器也会自动将其作为寄存器变量处理,因此,用户无须专门声明寄存器变量。

4. 外部变量(extern)

使用存储种类说明符"extern"定义的变量称为外部变量。

按照缺省规则,凡是在所有函数之前、在函数外部定义的变量都是外部变量,定义时可以不写"extern"说明符。但是,在一个函数体内说明一个已在该函数体外或别的程序模块文件中定义过的外部变量时,则必须使用"extern"说明符。一个外部变量被定义之后,它就被分配了固定的内存空间。外部变量的生存期为程序的整个执行时间,即在程序的执行期间外部变量可被随意使用,当一条复合语句执行完毕或是从某一个函数返回时,外部变量的存储空间并不被释放,其值也仍然保留。因此,外部变量属于全局变量。

C 语言允许将大型程序分解为若干个独立的程序模块文件,各个模块可分别进行编译,然后再将它们连接在一起。在这种情况下,如果某个变量需要在所有程序模块文件中使用,只要在一个程序模块文件中将该变量定义成全局变量,而在其他程序模块文件中用"extern"说明该变量是已被定义过的外部变量就可以了。

另外,由于函数是可以相互调用的,函数都具有外部存储种类的属性。定义函数时,如果冠以关键字"extern"即将其明确定义为一个外部函数。例如:

```
extern int func(char a,b);
```

如果在定义函数时省略关键字"extern",则隐含为外部函数。如果要调用一个在本程序模块文件以外的其他模块文件所定义的函数,则必须用关键字"extern"说明被调用函数是一个外部函数。对于存在外部函数相互调用的多模块程序,可用 C51 编译器分别对各个模块文件进行编译,最后由 Keil μVision 的 L51 连接定位器将它们连接成一个完整的程序。

C51 是面向 51 系列单片机及硬件控制系统的开发语言,它定义的任何变量必须以存储器类型一定的方式定位在 51 系列单片机的某一存储区中,否则便没有意义,因此,在定义变量类型时,还必须定义它的存储器类型。C51 编译器支持的数据存储器类型如表 4-4 所示。

表 4-4　C51 编译器支持的数据存储器类型

存储器类型	描　　述
data	直接寻址的片内数据存储区,位于片内 RAM 的低 128 B
bdata	片内 RAM 可位寻址区间(字节地址为 20H~2FH)
idata	间接寻址内部数据存储区,包括全部内部地址空间(256 B),即内 RAM 的 256 B 空间
pdata	外部数据存储区的分页寻址区,每页为 256 B,即外 RAM 的 256 B 空间
xdata	外部数据存储区(64 KB),即外 RAM 的 64 KB 空间
code	程序存储区(64 KB),即外 ROM 的 64 KB 空间

1)片内数据存储器

片内 RAM 可分为 3 个区域。

(1) data:片内直接寻址区,位于片内 RAM 的低 128 B。对 data 区的寻址是最快的,所以应该把使用频率高的变量放在 data 区,data 区除了包含变量外,还包含堆栈和寄存器组区间。

(2) bdata:片内位寻址区,位于片内 RAM 位寻址区 20H~2FH。当在 data 区的可位寻址区定义了变量时,这个变量就可进行位寻址。这对状态寄存器来说十分有用,因为它可以单独使用变量的每一位,而不一定要用位变量名引用位变量。

(3) idata:片内间接寻址区,片内 RAM 的所有地址单元(00H~FFH)。idata 区也可以存放使用比较频繁的变量,使用寄存器作为指针进行寻址。在寄存器中设置 8 位地址进行间接寻址,与外部存储器寻址比较,它的指令执行周期和代码长度都比较短。

2)片外数据存储器

片外 RAM 包括 2 个区域:

(1) pdata:片外数据存储器分页寻址区,一页为 256 B。

(2) xdata:片外数据存储器 RAM 的 64 KB 空间。

3)程序存储器

code 区即程序代码区,空间大小为 64 KB。程序代码区的数据是不可改变的,代码区不可重写。一般代码区中可存放数据表、跳转向量和状态表。例如:

```
unsigned int code unit_id[2]={0x1234,0x89ab};
unsigned char code uchar_data[16]={0x00,0x01,
0x02, 0x03, 0x04, 0x05, 0x06, 0x07,0x08, 0x09, 0x10,
0x11, 0x12, 0x13, 0x14, 0x15};
```

　　定义数据的存储器类型通常遵循如下原则：只要条件满足，尽量选择内部直接寻址的存储类型 data，然后选择 idata（即内部间接寻址）；对于那些经常使用的变量要使用内部寻址；在内部数据存储器数量有限或不能满足要求的情况下才使用外部数据存储器；选择外部数据存储器可优先选择 pdata 类型，最后选用 xdata 类型。

第5章 STC15F2K60S2 单片机介绍

5.1 STC15F2K60S2 单片机概述

STC15F2K60S2 单片机是 STC 生产的单时钟/机器周期(1T)的单片机,是高速、高可靠度、低功耗、超强抗干扰的新一代 8051 单片机,采用 STC 第 8 代加密技术,无法解密,指令代码完全兼容传统 8051,但速度快 8~12 倍。内部集成高精度 R/C 时钟(±0.3%),±1% 温漂(−40~85 ℃),常温下温漂 ±0.6%(−20~65 ℃),ISP 编程时在 5~35 MHz 范围内可设置,可彻底省掉外部昂贵的晶振和外部复位电路(内部已集成高可靠度复位电路,ISP 编程时 8 级复位门槛电压可选)。3 路 CCP/PCA/PWM,8 路高速 10 位 A/D 转换(30 万次/s),内置 2 KB 大容量 SRAM,2 组超高速异步串行通信端口(UART1/UART2,可在 5 组管脚之间进行切换,分时复用可作 5 组串口使用),1 组高速同步串行通信端口 SPI,针对多串行口通信、电动机控制及强干扰场合。STC15F2K60S2 单片机的特点如图 5-1 所示。

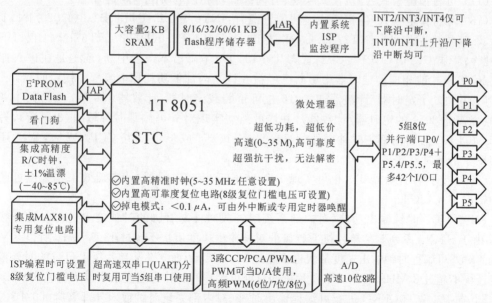

图 5-1 STC15F2K60S2 单片机的特点

STC15F2K60S2 单片机具有以下特点:

(1) 增强型 8051 CPU,1T(单时钟/机器周期),速度比普通 8051 快 8~12 倍。

(2) 工作电压:5.5~3.8 V(5 V 单片机)。STC15L2K60S2 系列工作电压:3.6~2.4 V(3 V 单片机)。

(3) 8 KB/16 KB/24 KB/32 KB/40 KB/48 KB/56 KB/60 KB/61 KB/63.5 KB 片内

flash 程序存储器,可擦写 10 万次以上。

(4) 片内大容量 2 048 字节的 SRAM,包括常规的 256 字节 RAM(idata) 和内部扩展的 1 792 字节 XRAM(xdata)。

(5) 大容量片内 EEPROM,可擦写 10 万次以上。

(6) ISP/IAP,在系统可编程/在应用可编程,不需编程器,不需仿真器。

(7) 共 8 通道 10 位高速 ADC,速度可达 30 万次/s,3 路 PWM 还可当 3 路 D/A 使用。

(8) 共 3 通道捕获/比较单元(CCP/PCA/PWM),也可用来实现 3 个定时器、3 个外部中断(支持上升沿/下降沿中断)或 3 路 D/A。

(9) 内部高可靠度复位,ISP 编程时 8 级复位门槛电压可选,可彻底省掉外部复位电路。

(10) 内部高精度 R/C 时钟(±0.3%),±1% 温漂(−40~85 ℃),常温下温漂 ±0.6% (−20~65 ℃),ISP 编程时内部时钟从 5~35 MHz 可设(5.529 6 MHz、11.059 2 MHz、22.118 4 MHz、33.177 6 MHz)。

(11) 工作频率范围:5~28 MHz。普通 8051 的工作频率范围为 60~336 MHz。

(12) 两组超高速异步串行通信端口(可同时使用),可在 5 组管脚之间进行切换,分时复用可当 5 组串口使用:串口 1(RxD/P3.0,TxD/P3.1)可以切换到(RxD_2/P3.6,TxD_2/P3.7),还可以切换到(RxD_3/P1.6,TxD_3/P1.7);串口 2(RxD2/P1.0,TxD2/P1.1)可以切换到(RxD2_2/P4.6,TxD2_2/P4.7)。

(13) 有一组高速异步串行通信端口 SPI。

(14) 支持程序加密后传输。

(15) 支持 RS-485 下载。

(16) 低功耗设计:具有低速模式、空闲模式及掉电模式/停机模式。

(17) 可将掉电模式/停机模式唤醒:有内部低功耗掉电唤醒专用定时器。

(18) 可将掉电模式/停机模式唤醒的资源有:INT0/P3.2,INT1/P3.3(INT0/INT1 上升沿、下降沿中断均可),INT2/P3.6,INT3/P3.7,INT4/P3.0(INT2/INT3/INT4 仅可下降沿中断);管脚 CCP0/CCP1/CCP2;管脚 T0/T1/T2(下降沿不产生中断,前提是在进入掉电模式/停机模式前相应的定时器中断已经被允许);内部低功耗掉电唤醒专用定时器。

(19) 共 6 个定时器/计数器,3 个 16 位可重装载定时器/计数器(T0/T1/T2,其中 T0/T1 兼容普通 8051 的定时器/计数器),并均可独立实现对外可编程时钟输出(3 通道),另外管脚 MCLKO 可将内部主时钟对外分频输出(÷1、÷2 或 ÷4),3 路 CCP/PCA/PWM 还可再实现 3 个定时器效果。

(20) 定时器/计数器 T2,也可实现 1 个 16 位重装载定时器/计数器效果,T2 也可产生时钟输出 T2CLKO。

(21) 可编程时钟输出功能(对内部系统时钟或对外部管脚的时钟输入进行时钟分频输出):由于 STC15 系列 5 V 单片机 I/O 口的对外输出速度最快不超过 13.5 MHz,所以 5 V 单片机的对外可编程时钟输出速度最快也不超过 13.5 MHz;而 3.3 V 单片机 I/O 口的对外输出速度最快不超过 8 MHz,故 3.3 V 单片机的对外可编程时钟输出速度最快也不超过 8 MHz。

T0 在 P3.5/T0CLKO 进行可编程输出时钟(对内部系统时钟或对外部管脚 T0/P3.4 的时钟输入进行可编程时钟分频输出)。

T1 在 P3.4/T1CLKO 进行可编程输出时钟(对内部系统时钟或对外部管脚 T1/P3.5 的时钟输入进行可编程时钟分频输出)。

T2 在 P3.0/T2CLKO 进行可编程输出时钟(对内部系统时钟或对外部管脚 T2/P3.1 的时钟输入进行可编程时钟分频输出)。

以上 3 个定时器/计数器均可 1~65 536 级分频输出。

主时钟在 P5.4/MCLKO 对外输出时钟,并可分频为 MCLK/1、MCLK/2 和 MCLK/4。现供货的 STC15F2K60S2 系列 C 版本单片机主时钟只可以对外输出内部 R/C 时钟,但是其他可外接外部晶体的 STC15 系列单片机的主时钟既可以对外输出内部 R/C 时钟,也可对外输出外部输入的时钟或外部晶体振荡产生的时钟。上述 MCLK 是指主时钟频率,MCLKO 是指主时钟输出。

(22) 有硬件看门狗(WDT)。

(23) 有先进的指令集结构,兼容普通 8051 指令集,有硬件乘法/除法指令。

(24) 有通用 I/O 口(42/38/30/26 个),复位后为准双向口/弱上拉(普通 8051 传统 I/O 口),可设置成四种模式,即准双向口/弱上拉,强推挽/强上拉,仅为输入/高阻,以及开漏。

每个 I/O 口驱动能力均可达到 20 mA,但 40-pin 及以上单片机的整个芯片电流不要超过 120 mA,16-pin 及以上、32-pin 及以下单片机的整个芯片电流不要超过 90 mA。如果 I/O 口不够用,可外接 74HC595(参考价为 0.21 元)来扩展 I/O 口,并可多芯片级联扩展几十个 I/O 口。

(25) 封装:包括 LQFP44(12 mm × 12 mm)、LQFP32(9 mm × 9 mm)、TSSOP20 (6.5 mm × 6.5 mm)、SOP28、SKDIP28 及 PDIP40。

(26) 全部 175 ℃下 8 h 高温烘烤。

5.2 STC15F2K60S2 单片机的内部结构

STC15F2K60S2 单片机的内部结构如图 5-2 所示。STC15F2K60S2 单片机中包含中央处理器(CPU)、程序存储器(flash)、数据存储器(SRAM)、定时器、I/O 口、高速 A/D 转换、

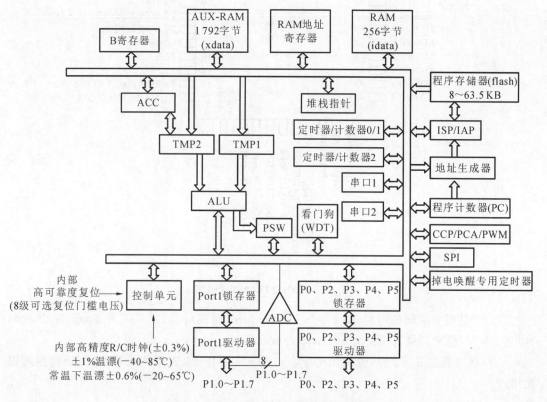

图 5-2　STC15F2K60S2 单片机的内部结构

看门狗、UART 超高速异步串行通信口 1/串行通信口 2、CCP/PCA/PWM、1 组高速同步串行端口 SPI、片内高精度 R/C 时钟及高可靠度复位等模块。STC15F2K60S2 系列单片机几乎包含了数据采集和控制中所需的所有单元模块，可称得上是一个片上系统（system chip 或 system on chip，简写为 STC，这是 STC 名称的由来）。

5.3 STC15F2K60S2 单片机管脚图

STC15F2K60S2 单片机管脚图如图 5-3 所示。

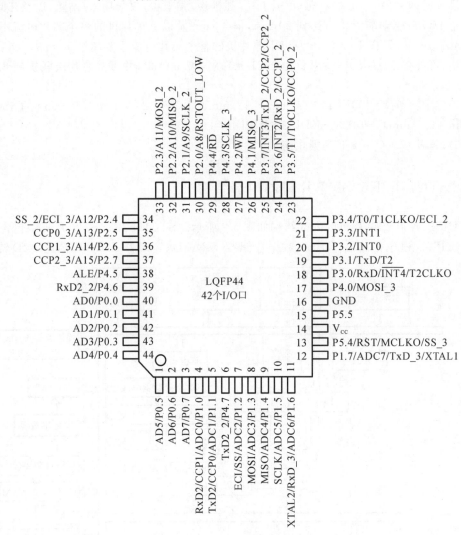

图 5-3 STC15F2K60S2 管脚图

"CCP"是英文单词的缩写，第 1 个"C"为 capture（捕获），第 2 个"C"为 compare（比较），"P"为 PWM（脉宽调制，pulse width modulation）。

A/D 转换通道在 P1 口，管脚图中 P1.x/ADCx 是指 P1.x 管脚可作为 A/D 转换通道使用。

5.4 STC15F2K60S2 系列单片机管脚说明

STC15F2K60S2 系列单片机管脚说明如表 5-1 所示。

表 5-1 STC15F2K60S2 系列单片机管脚说明

管 脚 名 称	管脚编号 （LQFP44）	说　　明	
P0.0/AD0	40	P0：P0 口既可作为输入/输出口，也可作为地址/数据复用总线使用。当 P0 口作为输入/输出口时，P0 可以由软件配置成准双向口/弱上拉、推挽输出/强上拉、仅为输入（高阻）及开漏输出 4 种工作模式之一，上电复位后为准双向口/弱上拉模式。当 P0 作为地址/数据复用总线使用时，是低 8 位地址线[A0～A7]及数据线[D0～D7]	
P0.1/AD1	41		
P0.2/AD2	42		
P0.3/AD3	43		
P0.4/AD4	44		
P0.5/AD5	1		
P0.6/AD6	2		
P0.7/AD7	3		
P1.0/ADC0/ CCP1/RxD2	4	P1.0	标准 I/O 口 Port1[0]
		ADC0	ADC 输入通道 0
		CCP1	外部信号捕获（频率测量或当外部中断使用）、高速脉冲输出及脉宽调制输出通道 1
		RxD2	串口 2 数据接收端
P1.1/ADC1/ CCP0/TxD2	5	P1.1	标准 I/O 口 Port1[1]
		ADC1	ADC 输入通道 1
		CCP0	外部信号捕获（频率测量或当外部中断使用）、高速脉冲输出及脉宽调制输出通道 0
		TxD2	串口 2 数据发送端
P1.2/ADC2/ SS/ECI	7	P1.2	标准 I/O 口 Port1[2]
		ADC2	ADC 输入通道 2
		SS	SPI 同步串行接口的从机选择信号
		ECI	CCP/PCA 计数器的外部脉冲输入脚
P1.3/ADC3/ MOSI	8	P1.3	标准 I/O 口 Port1[3]
		ADC3	ADC 输入通道 3
		MOSI	SPI 同步串行接口的主出从入（主器件的输出和从器件的输入）
P1.4/ADC4/ MISO	9	P1.4	标准 I/O 口 Port1[4]
		ADC4	ADC 输入通道 4
		MISO	SPI 同步串行接口的主入从出（主器件的输入和从器件的输出）

管 脚 名 称	管脚编号 (LQFP44)	说　明	
P1.5/ADC5/ SCLK	10	P1.5	标准 I/O 口 Port1[5]
		ADC5	ADC 输入通道 5
		SCLK	SPI 同步串行接口的时钟信号
P1.6/ADC6/ RxD_3/XTAL2	11	P1.6	标准 I/O 口 Port1[6]
		ADC6	ADC 输入通道 6
		RxD_3	串口 1 数据的接收端
		XTAL2	内部时钟电路反相放大器的输出端,接外部晶振的其中一端。 当直接使用外部时钟源时,此引脚可浮空,此时 XTAL2 实际将 XTAL1 输入的时钟进行输出
P1.7/ADC7/ TxD_3/XTAL1	12	P1.7	标准 I/O 口 Port1[7]
		ADC7	ADC 输入通道 7
		TxD_3	串口 1 数据的发送端
		XTAL1	内部时钟电路反相放大器的输入端,接外部晶振的其中一端。 当直接使用外部时钟源时,此引脚是外部时钟源的输入端
P2.0/A8/ RSTOUT_LOW	30	P2.0	标准 I/O 口 Port2[0]
		A8	地址总线第 8 位
		RSTOUT_ LOW	上电后,输出低电平,在复位期间也输出低电平,用户可用软件 将其设置为高电平或低电平,如果要读外部状态,可将该口先置高 后再读
P2.1/A9/ SCLK_2	31	P2.1	标准 I/O 口 Port2[1]
		A9	地址总线第 9 位
		SCLK_2	SPI 同步串行接口的时钟信号
P2.2/A10/ MISO_2	32	P2.2	标准 I/O 口 Port2[2]
		A10	地址总线第 10 位
		MISO_2	SPI 同步串行接口的主入从出(主器件的输入和从器件的输出)
P2.3/A11/ MOSI_2	33	P2.3	标准 I/O 口 Port2[3]
		A11	地址总线第 11 位
		MOSI_2	SPI 同步串行接口的主出从入(主器件的输出和从器件的输入)
P2.4/A12/ ECI_3/SS_2	34	P2.4	标准 I/O 口 Port2[4]
		A12	地址总线第 12 位
		ECI_3	CCP/PCA 计数器的外部脉冲输入脚
		SS_2	SPI 同步串行接口的从机选择信号

续表

管 脚 名 称	管脚编号 (LQFP44)		说　　　明
P2.5/A13/ CCP0_3	35	P2.5	标准 I/O 口 Port2[5]
		A13	地址总线第 13 位
		CCP0_3	外部信号捕获(频率测量或当外部中断使用)、高速脉冲输出及脉宽调制输出通道 0
P2.6/A14/ CCP1_3	36	P2.6	标准 I/O 口 Port2[6]
		A14	地址总线第 14 位
		CCP1_3	外部信号捕获(频率测量或当外部中断使用)、高速脉冲输出及脉宽调制输出通道 1
P2.7/A15/ CCP2_3	37	P2.7	标准 I/O 口 Port2[7]
		A15	地址总线第 15 位
		CCP2_3	外部信号捕获(频率测量或当外部中断使用)、高速脉冲输出及脉宽调制输出通道 2
P3.0/RxD/ $\overline{\text{INT4}}$/T2CLKO	18	P3.0	标准 I/O 口 Port3[0]
		RxD	串口 1 数据接收端
		$\overline{\text{INT4}}$	外部中断 4,只能下降沿中断,INT4 支持掉电唤醒
		T2CLKO	定时器/计数器 2 的时钟输出; 可通过设置 INT_CLKO[2]位/T2CLKO 将该管脚配置为 T2CLKO
P3.1/TxD/T2	19	P3.1	标准 I/O 口 Port3[1]
		TxD	串口 1 数据发送端
		T2	定时器/计数器 2 的外部输入
P3.2/INT0	20	P3.2	标准 I/O 口 Port3[2]
		INT0	外部中断 0,既可上升沿中断也可下降沿中断。 如果 IT0(TCON.0)被置为 1,INT0 管脚仅为下降沿中断。如果 IT0(TCON.0)被清零,INT0 管脚既支持上升沿中断也支持下降沿中断。 INT0 支持掉电唤醒
P3.3/INT1	21	P3.3	标准 I/O 口 Port3[3]
		INT1	外部中断 1,既可上升沿中断也可下降沿中断。 如果 IT1(TCON.2)被置为 1,INT1 管脚仅为下降沿中断。如果 IT1(TCON.2)被清零,INT1 管脚既支持上升沿中断也支持下降沿中断。 INT1 支持掉电唤醒

续表

管脚名称	管脚编号 (LQFP44)		说　明
P3.4/T0/ T1CLKO/ ECI_2	22	P3.4	标准 I/O 口 Port3[4]
		T0	定时器/计数器 0 的外部输入
		T1CLKO	定时器/计数器 1 的时钟输出； 可通过设置 INT_CLKO[1]位/T1CLKO 将该管脚配置为 T1CLKO,也可对 T1 脚的外部时钟输入进行分频输出
		ECI_2	CCP/PCA 计数器的外部脉冲输入脚
P3.5/T1/ T0CLKO/ CCP0_2	23	P3.5	标准 I/O 口 Port3[5]
		T1	定时器/计数器 1 的外部输入
		T0CLKO	定时器/计数器 0 的时钟输出； 可通过设置 INT_CLKO[0]位/T0CLKO 将该管脚配置为 T0CLKO,也可对 T0 脚的外部时钟输入进行分频输出
		CCP0_2	外部信号捕获(频率测量或当外部中断使用)、高速脉冲输出及 脉宽调制输出通道 0
P3.6/$\overline{\text{INT2}}$/ RxD_2/ CCP1_2	24	P3.6	标准 I/O 口 Port3[6]
		$\overline{\text{INT2}}$	外部中断 2,只能下降沿中断； 支持掉电唤醒
		RxD_2	串口 1 数据接收端
		CCP1_2	外部信号捕获(频率测量或当外部中断使用)、高速脉冲输出及 脉宽调制输出通道 1
P3.7/$\overline{\text{INT3}}$/ TxD_2/CCP2/ CCP2_2	25	P3.7	标准 I/O 口 Port3[7]
		$\overline{\text{INT3}}$	外部中断 3,只能下降沿中断； 支持掉电唤醒
		TxD_2	串口 1 数据发送端
		CCP2	外部信号捕获(频率测量或当外部中断使用)、高速脉冲输出及 脉宽调制输出通道 2
		CCP2_2	外部信号捕获(频率测量或当外部中断使用)、高速脉冲输出及 脉宽调制输出通道 2
P4.0/MOSI_3	17	P4.0	标准 I/O 口 Port4[0]
		MOSI_3	SPI 同步串行接口的主出从入(主器件的输出和从器件的输入)

管 脚 名 称	管脚编号 （LQFP44）	说　　　明	
P4.1/MISO_3	26	P4.1	标准 I/O 口 Port4[1]
		MISO_3	SPI 同步串行接口的主入从出（主器件的输入和从器件的输出）
P4.2/$\overline{WR}$	27	P4.2	标准 I/O 口 Port4[2]
		$\overline{WR}$	外部数据存储器写脉冲
P4.3/SCLK_3	28	P4.3	标准 I/O 口 Port4[3]
		SCLK_3	SPI 同步串行接口的时钟信号
P4.4/$\overline{RD}$	29	P4.4	标准 I/O 口 Port4[4]
		$\overline{RD}$	外部数据存储器读脉冲
P4.5/ALE	38	P4.5	标准 I/O 口 Port4[5]
		ALE	地址锁存允许
P4.6/RxD2_2	39	P4.6	标准 I/O 口 Port4[6]
		RxD2_2	串口 1 数据接收端
P4.7/TxD2_2	6	P4.7	标准 I/O 口 Port4[7]
		TxD2_2	串口 2 数据发送端
P5.4/RST/ MCLKO/SS_3	13	P5.4	标准 I/O 口 Port5[4]
		RST	复位脚（高电平复位）
		MCLKO	主时钟输出：输出的频率可为 MCLK/1、MCLK/2 及 MCLK/4（MCLK 是指主时钟频率）
		SS_3	SPI 同步串行接口的从机选择信号
P5.5	15	标准 I/O 口 Port5[5]	
V_{CC}	14	电源正极	
GND	16	电源负极，接地	

5.5　STC15F2K60S2 系列单片机命名规则

STC15F2K60S2 系列单片机命名规则如图 5-4 所示。

命名举例如下。

（1）STC15F2K60S2-28I-LQFP44 表示：用户不可以将用户程序区的程序 flash 当 EEPROM 使用，但有专门的 EEPROM；该单片机为 1T 8051 单片机，工作频率相同时，速度是普通 8051 的 8～12 倍；其工作电压为 5.5～3.8 V，SRAM 空间大小为 2 KB（2 048 B）；程序空间大小为 60 KB，有 2 组高速异步串行通信端口 UART 及 1 组 SPI、内部 EEPROM、A/D 转换、CCP/PCA/PWM 功能；工作频率可达 28 MHz；为工业级芯片，工作温度范围为

−40～85 ℃;封装类型为 LQFP 贴片封装;管脚数为 44。

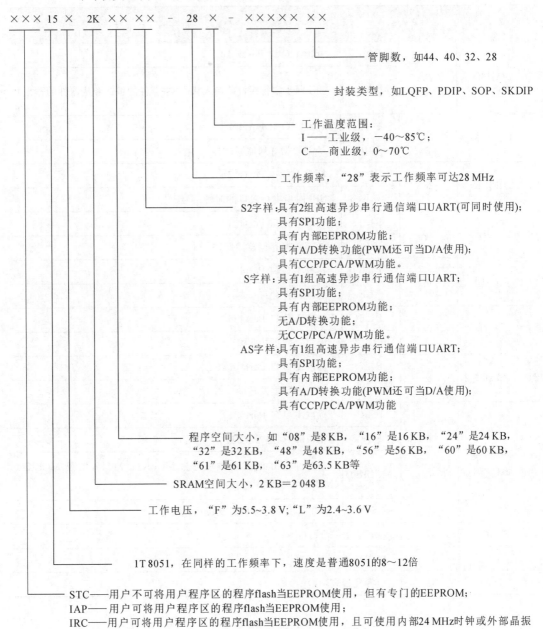

图 5-4　STC15F2K60S2 系列单片机命名规则

（2）STC15L2K60S2-28I-LQFP44 表示:用户不可以将用户程序区的程序 flash 当
EEPROM 使用,但有专门的 EEPROM;该单片机为 1T 8051 单片机,工作频率相同时,速度
是普通 8051 的 8～12 倍;其工作电压为2.4～3.6 V;SRAM 空间大小为 2 KB(2 048 B);程
序空间大小为 60 KB;有 2 组高速异步串行通信端口 UART 及 1 组 SPI、内部 EEPROM、A/
D 转换、CCP/PCA/PWM 功能;工作频率可达 28 MHz;为工业级芯片,工作温度范围为
−40～85 ℃;封装类型为 LQFP 贴片封装;管脚数为 44。

（3）IAP15F2K61S2-28I-LQFP44 表示:用户可以将用户程序区的程序 flash 当
EEPROM 使用;该单片机为 1T 8051 单片机,工作频率相同时,速度是普通 8051 的 8～12

倍;其工作电压为 5.5～3.8 V;SRAM 空间大小为 2 KB(2 048 B);程序空间大小为 61 KB;有 2 组高速异步串行通信端口 UART 及 1 组 SPI、内部 EEPROM、A/D 转换、CCP/PCA/PWM 功能;工作频率可达 28 MHz;为工业级芯片,工作温度范围为－40～85 ℃;封装类型为 LQFP 贴片封装;管脚数为 44。

(4) IAP15L2K61S2-28I-LQFP44 表示:用户可以将用户程序区的程序 flash 当 EEPROM 使用;该单片机为 1T 8051 单片机,工作频率相同时,速度是普通 8051 的 8～12 倍;其工作电压为 2.4～3.6 V;SRAM 空间大小为 2 KB(2 048 B);程序空间大小为 61 KB;有 2 组高速异步串行通信端口 UART 及 1 组 SPI、内部 EEPROM、A/D 转换、CCP/PCA/PWM 功能;工作频率可达 28 MHz;为工业级芯片,工作温度范围为－40～85 ℃;封装类型为 LQFP 贴片封装;管脚数为 44。

(5) IAP15F2K61S-28I-LQFP44 表示:用户可以将用户程序区的程序 flash 当 EEPROM 使用;该单片机为 1T 8051 单片机,工作频率相同时,速度是普通 8051 的 8～12 倍;其工作电压为 5.5～3.8 V;SRAM 空间大小为 2 KB(2 048 B);程序空间大小为 61 KB;有 1 组高速异步串行通信端口 UART 及 1 组 SPI、内部 EEPROM 功能;工作频率可达 28 MHz;为工业级芯片,工作温度范围为－40～85 ℃;封装类型为 LQFP 贴片封装;管脚数为 44。

(6) IAP15L2K61S-28I-LQFP44 表示:用户可以将用户程序区的程序 flash 当 EEPROM 使用;该单片机为 1T 8051 单片机,工作频率相同时,速度是普通 8051 的 8～12 倍;其工作电压为 2.4～3.6 V;SRAM 空间大小为 2 KB(2 048 B);程序空间大小为 61 KB;有 1 组高速异步串行通信端口 UART 及 1 组 SPI、内部 EEPROM 功能;工作频率可达 28 MHz;为工业级芯片,工作温度范围为－40～85 ℃;封装类型为 LQFP 贴片封装;管脚数为 44。

(7) IRC15F2K63S2-28I-LQFP44 表示:用户可以将用户程序区的程序 flash 当 EEPROM 使用,且可使用内部 24 MHz 时钟或外部晶振;该单片机为 1T 8051 单片机,工作频率相同时,速度是普通 8051 的 8～12 倍;其工作电压为 5.5～3.8 V;SRAM 空间大小为 2 KB(2 048 B);程序空间大小为 63.5 KB;有 2 组高速异步串行通信端口 UART 及 1 组 SPI、内部 EEPROM、A/D 转换、CCP/PCA/PWM 功能;工作频率可达 28 MHz;为工业级芯片,工作温度范围为－40～85 ℃;封装类型为 LQFP 贴片封装;管脚数为 44。

(8) STC15F2K24AS-28I-LQFP44 表示:用户不可以将用户程序区的程序 flash 当 EEPROM 使用,但有专门的 EEPROM;该单片机为 1T 8051 单片机,工作频率相同时,速度是普通 8051 的 8～12 倍;其工作电压为 5.5～3.8 V;SRAM 空间大小为 2 KB(2 048 B);程序空间大小为 24 KB;有 1 组高速异步串行通信端口 UART 及 1 组 SPI、内部 EEPROM、A/D 转换、CCP/PCA/PWM 功能;工作频率可达 28 MHz;为工业级芯片,工作温度范围为－40～85 ℃;封装类型为 LQFP 贴片封装;管脚数为 44。

6.1　74HC138

74HC138,即 138 译码器。如芯片资料所说,它是一款高速 CMOS 器件,其引脚兼容低功耗肖特基 TTL(LSTTL)系列。要掌握其应用及设计关键,我们首先需要明白怎么去控制它。

74HC138 芯片原理图如图 6-1 所示,在芯片第 4、5 引脚处,标识符"G2A"和"G2B"上面有一横线,代表此端口输入低电平有效(4、5 引脚连接的是 GND),而第 6 引脚连接的是 V_{cc}。

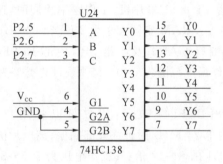

图 6-1　74HC138 芯片原理图

74HC138 可接受 3 位二进制加权地址输入(A、B 和 C),提供 8 个互斥的低电平有效输出(Y0～Y7)。74HC138 特有 3 个使能输入端:两个低电平有效($\overline{G2A}$、$\overline{G2B}$)和一个高电平有效(G1)。除非 G2A 和 G2B 置低且 G1 置高,否则 74HC138 将保持所有输出为高。

74HC138 真值表如表 6-1 所示。

表 6-1　74HC138 真值表

输入					输出							
使能输入端		二进制数据输入端										
G1	$\overline{G2A}+\overline{G2B}$	C	B	A	Y0	Y1	Y2	Y3	Y4	Y5	Y6	Y7
X	H	X	X	X	H	H	H	H	H	H	H	H
L	X	X	X	X	H	H	H	H	H	H	H	H
H	L	L	L	L	L	H	H	H	H	H	H	H
H	L	L	L	H	H	L	H	H	H	H	H	H

输入					输出							
使能输入端		二进制数据输入端										
G1	$\overline{G2A}+\overline{G2B}$	C	B	A	Y0	Y1	Y2	Y3	Y4	Y5	Y6	Y7
H	L	L	H	L	L	H	L	H	H	H	H	H
H	L	L	H	H	L	H	H	L	H	H	H	H
H	L	H	L	L	L	H	H	H	L	H	H	H
H	L	H	L	H	L	H	H	H	H	L	H	H
H	L	H	H	L	L	H	H	H	H	H	L	H
H	L	H	H	H	L	H	H	H	H	H	H	L

注:"H"表示高电平;"L"表示低电平;"X"表示任意电平。

看原理图便知,G2A 和 G2B 是一起控制的。

通过真值表可知,正确的控制方式为,G1 给高电平,G2A 与 G2B 给低电平。于是,通过控制 A、B、C 三者输入的值(二进制),控制 Y0~Y7 的输出值(二进制)。

例如,ABC = 000,Y0~Y7 = 0111~1111;ABC = 101,Y0~Y7 = 1111~1011。

需要注意的是,138 译码器是提供 8 个互斥(Y0~Y7,8 个脚互不影响)的低电平输出,但是,输出来的除了被 A、B、C 地址选中的那一个,其他的都是 1,这是因为芯片内部的每个输出端口前都接有一个与非门,于是输出端电平反相了。138 译码器内部逻辑图如图 6-2 所示。

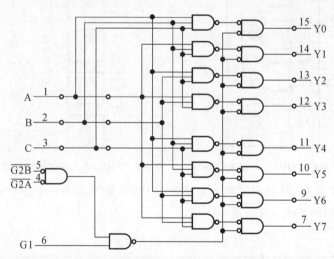

图 6-2　74HC138 译码器内部逻辑图

可以看到,在每一个输出端口前面都存在一个与非门电路,我们可以在逻辑图中对 A、B、C 赋值,再去分析 Y0~Y7 的输出,并与真值表进行核对。

到此为止,已经能看出来 138 译码器的功能之一了:如图 6-1 所示,使得 P2.5、P2.6、P2.7 3 个引脚控制 8 个输出。那么,为什么每次输出都会是 7 个高电平、1 个低电平呢?这样的输出会有什么意义呢?通过后面的学习,我们将得到答案。

6.2   74HC02

前面提到了 138 译码器,大家隐约地可以看出它的作用(3 个 I/O 口,控制 8 个输出),只不过那是 8 个具有约束条件的输出。可见,74HC138 只是我们实现 I/O 口复用的芯片之一。接下来将介绍第二个芯片——74HC02(4 组 2 输入或非门)。

74HC02 引脚图如图 6-3 所示。

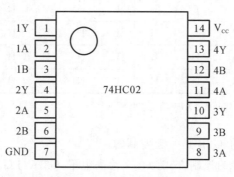

图 6-3   74HC02 引脚图

什么是 4 组 2 输入或非门?带着疑问我们可以看看它的内部逻辑图(见图 6-4)。将其内部逻辑转换成标准的逻辑门,则如图 6-5 所示。

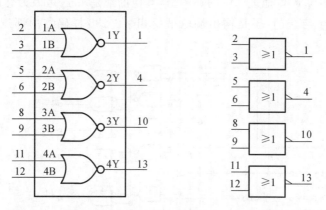

图 6-4   74HC02 内部逻辑图   图 6-5   74HC02 内部逻辑转换图

另外,74HC02 真值表(对于逻辑门电路的芯片,察看真值表往往是我们了解它的控制方式的最重要的途径)如表 6-2 所示。

表 6-2   74HC02 真值表

输入		输出
nA	nB	nY
L	L	H
X	H	L
H	X	L

注:"H"表示高电平;"L"表示低电平;"X"表示任意电平。

由表 6-2 可以看出,任何一个或非门只要有一个输入端为高电平,输出就是低电平。两个输入端都是低电平时输出才是高电平。

结合 CT107D 开发平台原理图,可得开发平台上 74HC02 接线图(见图 6-6)和内部逻辑图(见图 6-7)。

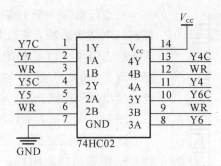

图 6-6　开发平台上 74HC02 接线图

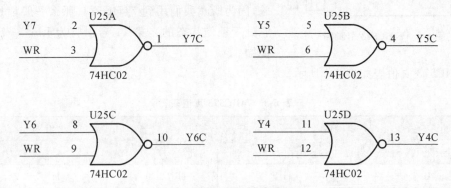

图 6-7　74HC02 内部逻辑图

这里,需要注意两点:

(1) 图 6-6 和图 6-7 与图 6-3 所示的引脚除了网络标号不同,其他都是完全一致的(网络标号 Y0~Y7 也与 138 译码器对应,例如图 6-6 和图 6-7 中的 Y7 即为网络标号,它与 138 译码器的 Y7 是相连接的)。

(2) 使用 I/O 编程模式时,J13 跳线帽是连接 2、3 脚的,也就是说,74HC02 的 WR 脚是接地的。

在开发平台上 74HC02 接线图中,以一个或非门为例(Y7、WR、Y7C),Y7C 由 Y7 与 WR 所决定。根据或非的逻辑特性,若 WR=0,要想使得 Y7C 为 0,则 Y7 必须要输入 1(这也可据真值表进行验证)。于是,结合 138 译码器,我们则能通过控制 P2.5、P2.6、P2.7 口对 Y0~Y7 进行操作,从而直接对 74HC02 的 Y4C、Y5C、Y6C、Y7C 进行操作,而这 4 个引脚,又联系到另一个芯片——74HC573(锁存器)。

6.3　74HC573

74HC573(拥有 8 路输出的透明锁存器,输出为三态门)是能直接让单片机 I/O 口复用的芯片。

所谓三态门,即既可为正常的高电平"H"(逻辑 1)或低电平"L"(逻辑 0),又可以保持特有的高阻抗状态"Z"。高阻抗状态(简称高阻态)相当于隔断状态(电阻很大,相当于开路),

指的是电路的一种输出状态,它既不是高电平也不是低电平,如果高阻态再输入下一级电路的话,对下一级电路无任何影响,和没接一样,如果用万用表测量的话有可能是高电平也有可能是低电平(由它后面所接元器件的电气状态决定)。

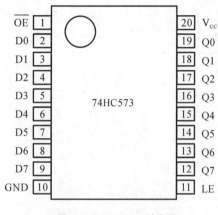

图 6-8　74HC573 引脚图

三态门都有一个引脚,用来控制使能端,以此来控制门电路的通断。可以具备这 3 种状态的器件就叫作三态器件。当 EN(使能标志位)有效时,三态电路呈现正常的"0"或"1"的输出;当 EN 无效时,三态电路给出高阻态输出。

图 6-8 所示是 74HC573 引脚图。

这里需要说明的是,图 6-8 的使能引脚(1 号引脚 $\overline{OE}$,即输出使能端),它是一个低电平有效的引脚(通常在开发平台上,我们直接采取接地(GND)的措施,因为既然我们用到 74HC573,那么一般都是想让它处于工作状态的),第 11 号引脚为 LE——锁存使能端。

74HC573 真值表如表 6-3 所示。

表 6-3　74HC573 真值表

输入			输出
输出使能	锁存使能	D	Q
L	H	H	H
L	H	L	L
L	L	X	不变
H	X	X	Z

注:"H"表示高电平;"L"表示低电平;"X"表示任意电平;"Z"表示高阻态。

由真值表可见:

(1) 当 $\overline{OE}$ 为 H(高电平)时,无论输入端 D0～D7 输入何种电平状态,输出端 Q0～Q7 都为 Z(高阻态),此时芯片处于不可控状态。

(2) 当 $\overline{OE}$ 为 L(低电平)时,若 LE 为 H,则 D(输入) 与 Q(输出) 同时为 L 或同时为 H(Q 端的电平状态紧随着 D 端变化);若 LE 为 L 时,无论 D 为何种电平状态,Q 都会保持上一次的电平状态(Q 端电平状态将保持 LE 端变化为低电平 L 之前 Q 端的电平状态)。

开发平台上 74HC573 接线图如图 6-9 所示。我们通过把 $\overline{OE}$ 长期拉低,LE 通过网络标号 Y4C 连向 74HC02(或非门),再通过或非门,连向 138 译码器,最

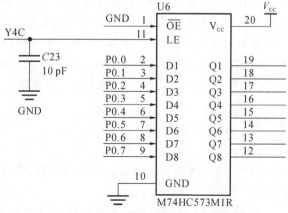

图 6-9　开发平台上 74HC573 接线图

后决定此锁存器正常工作时的输出状态(由 P2.5、P2.6、P2.7 所决定)。

在开发平台上,由 Y4C 控制一个锁存器,同样的,Y5C、Y6C、Y7C 也各控制一个锁存器,同时,他们都由 P0 口输入。于是,我们可以看到,通过控制 11 个 I/O 口的状态,即实现了控制 32 个引脚的输出情况的效果,这样很明显达到了 I/O 口复用的目的。当然,我们也可以适当地去增减锁存器,从而改变可控输出引脚的数目。

事实上,在接线图中,这 4 个锁存器的端口分别连接 LED、数码管段选、数码管位选以及 ULN2003(达林顿管阵列)。

6.4 LED

前面介绍了 74HC138、74HC02 及 74HC573,所以接下来的几个外设中,我们将以这 3 款芯片为基础。

什么是 LED? 怎么区别正负极?

LED 英文全称是 light emitting diode,即发光二极管,它有直插式和贴片式两种封装类型。现今,为了节省开发板的利用空间,一般在开发板上采用的都是贴片式封装。但是,无论是哪种封装,我们都必须搞清楚它的正负极性。一般而言,直插式 LED,长的一脚是正极(连接电源的正极),短的一脚为负极(连接电源的负极)。另外,LED 内部,大支架连接的是负极,小支架连接的是正极。贴片式 LED 在底部都会有"T"字形或倒三角形符号:"T"一横的一边是正极,另一边是负极;三角形符号中三角形的边靠近的是正极,角靠近的是负极。

LED 和普通的二极管一样,具有单向导通特性,所以通过它的电流应是从正极流向负极的。我们可选取一个具有特性的电阻,将电流限定在它的正常工作范围之内即可。LED 常见的导通电压为 1.7 V 左右(其实,不同颜色的 LED 导通压降不同),工作电流一般为1~20 mA,所以大多数开发板选择 1 kΩ 或者 330 Ω 的电阻为 LED 提供限流保护。

LED 接线原理图如图 6-10 所示。

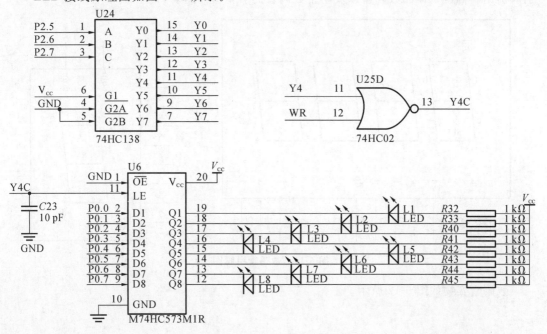

图 6-10　LED 接线原理图

由图 6-10 可见,我们通过控制 P2.5、P2.6、P2.7 可控制 Y4C,从而控制锁存器的开关,用 P0 口实现 LED 的亮灭。

具体驱动部分的代码如下:

```
P2= (P2 & 0x1f)|0x80;      //先将 P2 口的高 3 位置 0,低 5 位保持原来的状态不变,再或上 0x80,使
                             得 Y4 为 0,进而使 Y4C 为 1,锁存器打开
P0=0xf0;                   //控制 P0 口,使得高 4 位输出 1,低 4 位输出 0,结合原理图,可知 P0 口
                             所连接的低 4 位 LED 被点亮
P2&=0x1f;                  //再使得 P2.5、P2.6、P2.7 为 0,关闭 Y4C 所连接的锁存器,再控制 P0
                             口,并不会影响 LED 的亮灭情况
```

当然,我们也可以添加适当的延时,让 LED 具有闪烁的功能;用适当的代码或函数移位,使得 LED 具有移位的功能,这里不再详细说明。

需要注意一点:"P0=0xf0",即为 P0=0b11110000,让 P0～P3 为 0,P4～P7 为 1。"0x"表示后面为十六进制的数,"0b"表示后面为二进制的数,也就是用 4 个二进制数表示一个十六进制数。但是,为什么不写成"P0=0b11110000"呢?这是因为我们写代码用的 Keil C 编译器不支持二进制数,它只能识别十进制数和十六进制数,所以我们写成 0x 的形式。其实,用十六进制数也方便了许多。

6.5　数码管

与数码管所关联的芯片,亦是 74HC138(译码器)、74HC02(或非门)及 74HC573(锁存器),所用的 I/O 口依然是 11 个——P2.5、P2.6、P2.7 以及 P0～P7。

什么是数码管?

数码管是由多个发光二极管封装在一起而组成的"8"字形元器件。一般开发板上所用到的是四位共阳极(或者共阴极)的数码管,也就是说,是将数码管 4 个一组连在一起,并将引脚引出。四位一体的数码管以及单个数码管的引脚图如图 6-11 所示。

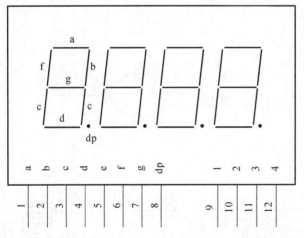

图 6-11　数码管引脚图

数码管实物如图 6-12 所示。

图 6-12　数码管实物

可见,四位一体的数码管,只是将 4 个数码管封装在一起,同时将所有数码管的段选引脚一起引出,位选引脚仍然单独引出而已。

数码管内部原理图如图 6-13 所示。其中 a、b、c、d、e、f、g、dp 即为数码管中的 LED(共 8 个),com 口是位选端。单个数码管(一位数码管)的 com 口有两个(可以起到分流以及让引脚分布均匀的作用,因为元器件的引脚分布多为偶数个)。

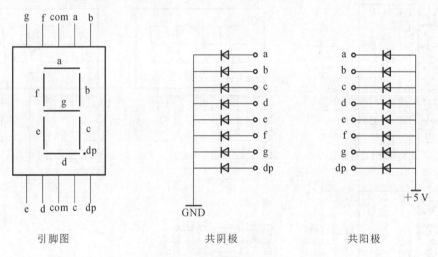

引脚图　　　　　　　　共阴极　　　　　　　共阳极

图 6-13　数码管内部原理图

数码管显示的工作状态分为静态和动态。

1. 静态数码管

当多位数码管连接在一起时,它们的位选是可单独控制的,但是他们的段选都是连接在一起的(比如说,我们控制四位数码管的 a 灯亮,假如我们位选是选择了四位,那么 4 个数码管的 a 灯都会亮)。所以,当我们将所有的位选一起控制时,数码管显示的模式即为静态,此时,数码管即为静态数码管,所有的数码管显示的值都相同。

2. 动态数码管

数码管工作时,让数码管显示出来的数值不尽相同(不把所有数码管的位选一起控制),数码管显示的模式即为动态。明明段选是在一起的,为什么会显示得不一样呢? 这是因为我们利用数码管的余晖效果以及人眼视觉的暂时停留现象,使人们感觉各位数码管同时显示。实际上,我们每次单独对一位数码管进行操作,再给出段选,本质上是一位一位轮流显示的,只是速度十分快,人眼看不出来而已。当然,假如时不时控制位选和段选,就会造成不清晰的现象——这样就是我们所说的"鬼影"。因此,我们在使用数码管工作时,时常要注意"消影",即每次操作完一个数码管的位选和整个数码管的段选后,操作所有的数码管进行短暂的"熄灭"。

开发平台上对应的数码管接线图(所用的是共阳极数码管)如图 6-14 所示。

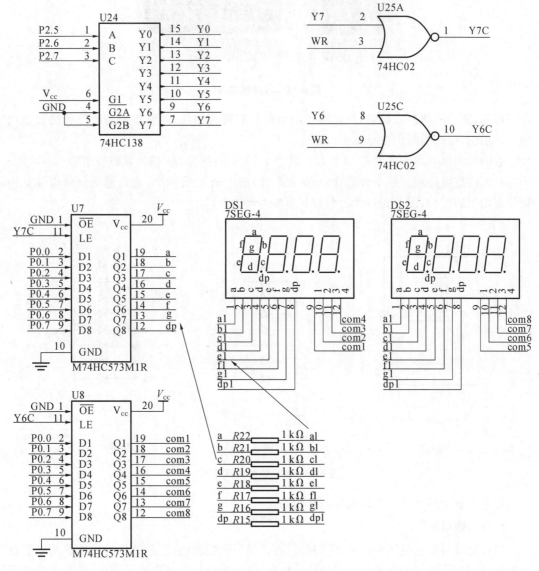

图 6-14   数码管接线图

可见,我们仍是通过 138 译码器和或非门、锁存器进行控制的。图 6-14 中箭头所指的是网络标号的连接处,锁存器输出端的"a、b、c、d、e、f、g、dp"并不是直接连接数码管段选的"a、b、c、d、e、f、g、dp",而是加了限流电阻。

下面,将数码管动态显示的部分代码给出(P2 口控制数码管位选和段选的选择,P0 口负责往数码管送相应的位选和段选码):

```
# define uchar unsigned char              //段码:0 1 2 3 4 5 6 7 8 9 消影
uchar tab[]={0xc0,0xf9,0xa4,0xb0,0x99,0x92,0x82,0xf8,0x80,0x90,0xff};
                                          //用一个数组,存好数码管的十六进制段选编码
uchar dspbuf[]={10,10,10,10,10,10,10,10};
uchar dspcom =0;


void display()
{
    P2=(P2&0x1f)|0xE0;                    //通过 138 译码器及或非门,打开 Y7C 所在的锁存器,
                                            操作数码管的段选

    P0=0xff;                              //通过 P0 口给数码管送段码 0xff,让数码管熄灭,也就
                                            是"消影"操作

    P2&=0x1f;                             //关闭段选锁存器

    P2=(P2&0x1f)|0xC0;                    //打开 Y6C 所在锁存器,操作数码管位选
    P0=(1<<dspcom);                       //通过 P0 口给数码管送位码,每次只选中一位数码管
                                            (共阳极数码管,给 1 是选中)
    P2&=0x1f;                             //关闭位选锁存器

    P2=(P2&0x1f)|0xE0;                    //打开段选锁存器
    P0=tab[dspbuf[dspcom]];               //通过 P0 给数码管送段码,具体数值由 dspbuf[]数组
                                            而定
    P2&=0x1f;                             //关闭段选锁存器

    if(++dspcom==8)
        dspcom=0;                         //上面的代码每次选中一位数码管,当 display 函数操
                                            作了 7 次之后,dspcom 的值为 8(每次先让 dspbuf 自
                                            加 1,再与 8 做比较),若满足条件,则让 dspcom 重新
                                            置零,再让数码管从第一位开始扫描至最后一位,依
                                            次类推

}
```

由上可见,每次通过"P0=(1<<dspcom)"选中数码管一位,经过 dspcom 加 1 后,再选中下一位数码管(1 左移 dspcom 位,1 后面的二进制数都是 0,例如"1<<5",即为 00100000;"1<<2",即为 00000100)。

未被操作的数码管(未被位选)的段码值一直默认为"tab[dspbuf[10]]",也就是 0xff(熄灭状态),这也是一开始就把 dspbuf[]数组全部赋值为 10 的原因。

例如,我们这样写:

```
# include  <stc15.h>
# include  <intrins.h>
void main()
{
    while(1)
    {
        dspbuf[0]=1;
        dspbuf[1]=2;
```

```
        dspbuf[2]=3;
        dspbuf[3]=10;           //其实只要我们未对第 4 位数码管进行操作,则其段码默认
                                  为tab[dspbuf[10]]
        dspbuf[4]=4;
        dspbuf[5]=5;
        dspbuf[6]=6;
        dspbuf[7]=7;
        display();
    delay1ms();                 //用 STC-ISP 生成 1 ms 的软件延时子函数
        }
    }
```

以上程序可让数码管第 1~3 位分别显示 1、2、3,第 4 位熄灭,第 5~8 位分别显示 4、5、6、7。

静态数码管一般用得很少,对于静态数码管的操作,需要把位选全部选中,再控制段选即可。当然,这样下来我们也不需要进行"消影"处理了。

6.6　按键

1. 独立按键的检测

按键的存在形式主要有两种,即独立按键与矩阵按键。对于按键的扫描(让单片机知道我们按下的是哪一个按键)主要有三种方法,即传统的按键识别、带有标志位的按键识别及快速识别。

传统的按键检测分为延时消抖检测与外部中断检测。先来介绍延时消抖检测。

按键原理图如图 6-15 所示(我们先只看独立按键)。

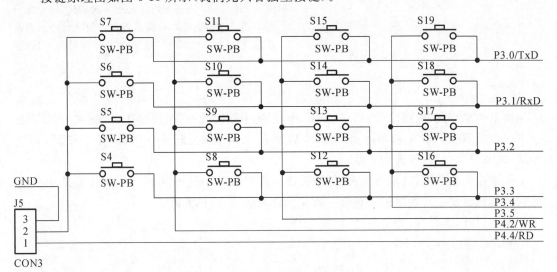

图 6-15　按键原理图

这里 J5 是一个排针,用跳帽连接 J5 的 2 脚与 3 脚即可将键盘设置为独立按键(只有 S4~S7 有效)。此时,S4~S7 一端分别与 P3.3~P3.0 相连,另一端连向 GND。这样,我们先给 P3.0~P3.3 赋高电平(其实单片机上电时,I/O 口默认输出高电平,但是为了严谨,在扫描之前还是先用软件进行赋高电平操作)即可通过检测 P3.0~P3.3 处的电平是否出现低

电平的状态,去查看哪个按键被按下(当有按键被按下时,此按键连接的 P3 引脚的 I/O 口会从高电平变为低电平的状态)。

按键被按下时,按键触点实际的电压变化如图 6-16 所示。

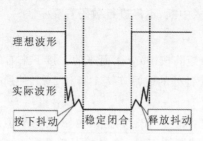

图 6-16　按键触点电压变化

只要检测 I/O 口电压的变化,即可判断按键是否被按下,在理想情况下是可以检测准确的。但是,从图 6-16 中可以看到,对于实际的波形,存在着按下时的按键抖动(按下抖动)以及松手时的按键抖动(释放抖动),这些都会导致电压值的不定向,所以不能完全只通过检测 I/O 口判断按键按下与否。

对于按下抖动,根据前人所给出的经验值,其时间一般不会超过 10 ms;至于释放抖动的过程,我们可以用 while 语句进行检测,检测按键是否松开,也就是 I/O 口是否恢复为高电平(因为在按键扫描之前,就已通过编程将 I/O 口的值赋为高电平,虽然它被按键通过 GND 拉低到低电平状态,但是只要按键松开,I/O 口仍会变回原来的高电平状态)。

例 6-1　通过按下按键,使得数码管第 1 位的显示值每次加 1 ,满 10 则从 0 开始重新计数。

核心代码如下(其中,数码管显示函数以及段码的定义等,都引用 6.5 节的数码管的定义等):

```
sbit s4=P3^3;                //单独使用一个 I/O 口,则需要使用 sbit 进行位定义
void main()
{
  disbuf[0]=1;
  while(1)
   {
      if(s4==0)              //检测是否有键按下
      {
        delay10ms();         //经过 10 ms 的延时函数进行消抖
        if(s4==0)            //若 P3^3 仍然为低电平,则确实有按键(s4)被按下
        {
          if(++dspbuf[0]==10)
          dspbuf[0]=0;       //第一位数码管值+1,如果为 10,再从 0 开始显示
          while(!s4);        //等待按键松开,等同于 while(s4==0)
        }
      }
      display();             //数码管显示函数
   }
}
```

其实在这里可以看到,当按键一直处于按下状态,程序会卡死在 while(!s4) 处。在这个时候,由于没有调用 display()函数,数码管是不能显示的。解决方法有:

(1) 改变按键的扫描方式;

(2) 将 display()函数放入中断,不停进行数码管显示。

2. 矩阵键盘

独立按键是由矩阵键盘(矩阵按键)分离而来的。接下来看的是 4×4 的矩阵键盘。

在使用矩阵键盘时,J5 排针处的跳帽连接 1 脚和 2 脚,使所有按键的有效端口全部连接至 I/O 口。

具体的扫描方式为:先把 P3.0～P3.7 高四位赋低电平值和低四位赋高电平值,并且 P4.2=0,P4.4=0;当确定有键被按下时,检测按下的是哪一行(原本高电平的四位中有一位会变低电平);再对高四位和低四位赋予上一次相反的电平,并且 P4.2=1,P4.4=1,检测按下的是哪一列,即可找到所按下的按键。

例 6-2 把 S4～S19 这 16 个按键,从左至右、从上到下,分别设置为 0～15 不同的键值,当 S7 被按下时,数码管显示为 0;当 S16 被按下时,数码管显示为 15。

其核心代码如下(数码管段码、显示函数等变量的定义,参照前面数码管的内容):

```
uchar key_value =0;   //键值的定义
void read_keyboard(void)
{
        static uchar hang;
        P3=0x0f; P42=0; P44=0;
        if(P3 !=0x0f)   //有按键按下
        {
            if(P30==0)hang=1;
            if(P31==0)hang=2;
            if(P32==0)hang=3;
            if(P33==0)hang=4;   //确定行
            switch(hang){
                case 1:{P3=0xf0; P42=1; P44=1;
                    if(P44==0) key_value=0;
                    else if(P42==0) key_value=1;
                    else if(P35==0) key_value=2;
                    else if(P34==0) key_value=3;
                }break;
                case 2:{P3=0xf0; P42=1; P44=1;
                    if(P44==0) key_value=4;
                    else if(P42==0) key_value=5;
                    else if(P35==0) key_value=6;
                    else if(P34==0) key_value=7;
                }break;
                case 3:{P3=0xf0; P42=1; P44=1;
                    if(P44==0) key_value=8;
                    else if(P42==0) key_value=9;
                    else if(P35==0) key_value=10;
```

```
                        else if(P34==0) key_value=11;
                    }break;
                    case 4:{P3=0xf0; P42=1; P44=1;
                        if(P44==0) key_value=12;
                        else if(P42==0) key_value=13;
                        else if(P35==0) key_value=14;
                        else if(P34==0) key_value=15;
                    }break;   //确定按键值
                }
                while(P3!=0XF0||P42==0||P44==0);   //松手检测
            }
}


void main()
{
    while(1)
    {
        read_keyboard();   //在主函数中调用矩阵键盘扫描函数
        if(key_value>9)   //判断键值,并显示
        {
            dspbuf[1]=key_value%10;
            dspbuf[0]=key_value/10;
        }
        else
        {
            dspbuf[0]=key_value;
            dspbuf[1]=10;   //若键值小于10,则十位不显示,只显示个位,段码数组第10个为消影
        }
        display();   //数码管显示函数
        delay1ms();
    }
}
```

这里有两点需要注意:

(1)在编程时,主函数尽可能少地进行一些数据处理等操作;主函数主要用来调用其他的函数。

(2)P3、P4口的第二次赋值,应该也囊括在第一个 if 语句之中,因为只有确定按键被按下之后,才会开始行与列的扫描,行与列的扫描是对于一次按键的扫描,所以不可分开。

3.带有标志位的按键识别法

前面提到了独立按键的扫描方法(延时、消抖的方法),可见这种方法很大程度上可以实现按键的准确扫描。但是,它有一个缺点——存在 while 语句的松手检测。

试想,倘若我们一直按着按键不松手,那我们的程序毫无疑问地会一直卡在 while 语句的松手检测上。这在很多场合是不适用的。

对于独立按键中所提到的配合数码管显示的实例,由于数码管显示函数display()位于主函数中,假如我们长时间按下按键,一定会存在数码管不能显示的情况。所以,接下来介绍一种不需要 while 松手检测的按键扫描——带有标志位的按键识别(这里以独立键盘为

例,在矩阵键盘同样适用)。

　　用跳帽连接排针 J5 的 2 脚与 3 脚,将键盘设置为独立按键(只有 S4～S7 有效)。此时,
S4～S7 一端分别与 P3.3～P3.0 相连,另一端连向 GND。

　　其核心代码如下(以按下 S4 为例):

```
sbit s4=P3^3;
uchar key_flag=0;  //首先定义按键的标志位,并初始化为 0
void key_scan()  //按键扫描函数
{
    if((s4==0) && (!key_flag))  //如果有键按下,则条件成立(有键按下,则 s4 为 0;而
                                                !key_flag为 1)
    {
        delay10ms();  //延时消抖
        key_flag=1;  //把标志位置定为 1
        if(s4==0)  //如果确定有键被按下
        {
            if(++dspbuf[0]==10)  //进行事件处理
            dspbuf[0]=0;  //数码管显示值加 1,如果显示值为 10,则重置为 0
        }
    }
    else if(s4!=0)  //未按下按键
    {
        key_flag=0;
    }
}
```

　　其中,代码“key_flag＝1”的作用是:下次即便按键后没有松手,程序运行完一遍之后,也
不会再满足 if((s4＝＝0)＆＆(!key_flag))的条件;同样,亦不会满足 else if(s4!＝0)的条
件,那么 key_flag 不会被赋值为 0。综合以上情况,一次按键只会进行一次处理。当按键被
释放,以后的扫描则会满足 else if(s4!＝0)的条件,那么 key_flag 会被赋值为 0,则可以进行
接下来的按键扫描了。

　　综上所述,这样的按键处理,让程序减少了 while 的松手检测,这对于程序而言是十分
有利的。

6.7　DS18B20

1. 概述

　　DS18B20 是常用的数字温度传感器,如图 6-17 所示,其输出的是数字信号,具有体积
小、硬件开销低、抗干扰能力强、精度高的特点。

　　技术性能描述:

　　(1) 有独特的单线接口方式,DS18B20 在与微处理器连接时仅需一条口线即可实现
微处理器与 DS18B20 的双向通信。

　　(2) 测温范围:-55～125 ℃。

　　(3) 支持多点组网功能,简化了分布式温度传感应用。

（4）工作电源：3.0～5.5 V,DC（可以由数据线供电）。

（5）在使用过程中不需要任何外围元件。

（6）测量结果以 9～12 位数字量方式串行传送。

单总线数字温度传感器 DS18B20 几乎成了各类单片机甚至 ARM 实验板的标配模块，在"蓝桥杯"的往届省赛和国赛中，这个内容作为考点的频率也相当高。不管是单片机学习还是"蓝桥杯"备赛，都应掌握 DS18B20 的基本操作，要能把传感器的数据读出来。

2. 关于 DS18B20

在"蓝桥杯"单片机设计与开发赛项中，会提供一个关于 DS18B20 的库文件，里面有传感器复位、写字节和读字节三个函数。所以，不一定要把单总线的时序搞清楚，但一定要把 DS18B20 的基本操作流程弄明白。

图 6-17　DS18B20

DS18B20 单线通信功能是分时完成的，它有严格的时隙概念，如果出现序列混乱，器件将不响应主机，因此读写时序很重要。

通过单线总线端口访问 DS18B20 的协议如下：

步骤 1：复位初始化。

步骤 2：ROM 操作指令。

步骤 3：DS18B20 功能指令。

DS18B20 的高速暂存存储器由 9 个字节组成，当温度转换命令发布后，经转换所得的温度值以二字节补码形式存放在高速暂存存储器的第 0 和第 1 个字节。在上电状态下，DS18B20 默认的精度为 12 位。启动后它保持低功耗等待状态。当需要执行温度测量和 A/D 转换时，总线控制器必须发出温度转换命令。在那之后，产生的温度数据以二字节的形式被存储到高速暂存存储器的温度寄存器中，DS18B20 继续保持等待状态。单片机可通过单线接口读到该数据，读取时低位在前，高位在后。

3. 三个重要的 DS18B20 指令

（1）CCH：跳过 ROM 指令，忽略 64 位 ROM 地址，直接向 DS18B20 发起各种温度转换指令。

（2）44H：温度转换指令，启动 DS18B20 进行温度转换，转换时间最长为 500 ms（典型值为 200 ms），结果保存在高速 RAM 中。

（3）BEH：读暂存器指令，读取高速暂存存储器 9 个字节的内容。

4. 读取一次 DS18B20 温度的基本操作

基本操作步骤如下：

（1）主机对 DS18B20 进行复位初始化。

（2）主机向 DS18B20 写 0xCC 命令，跳过 ROM。

（3）主机向 DS18B20 写 0x44 命令，开始进行温度转换。

（4）等待温度转换完成。

（5）主机对 DS18B20 进行复位初始化。

（6）主机向 DS18B20 写 0xCC 命令，跳过 ROM。

（7）主机向 DS18B20 写 0xBE 命令，依次读取 DS18B20 发出的从第 0～8（共 9 个）字节

的数据。如果只想读取温度数据,那在读完第 0 和第 1 个数据后就不再理会后面 DS18B20
发出的数据即可,或者通过 DS18B20 复位,停止数据的输出。

6.8　AT24C02

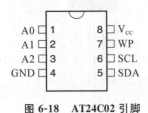

图 6-18　AT24C02 引脚

1. 24C02 功能概述

24C02 是一个 2K bit 的串行 EEPROM 存储器,内部含有 256
个字节。在 24C02 里面有一个 8 字节的页写缓冲器。该设备的工
作电压为 1.8~6.0 V,芯片的第 7 引脚 WP 为写保护引脚,将该引
脚接地,允许正常的读写。AT24C02(Atmel 公司的 24C02 芯片)引
脚如图 6-18 所示。

2. 设备地址

24C02 的设备地址包括固定部分和可编程部分。可编程部分需要根据硬件引脚 A0、A1 和
A2 来设置。设备地址的最后一位用于设置数据传输的方向,即读/写位。格式如图 6-19 所示。

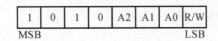

1	0	1	0	A2	A1	A0	R/W

MSB　　　　　　　　　　　　　　LSB

图 6-19　设备地址格式

在 IIC 总线协议中,设备地址是起始信号后第一个发送的字节。如果硬件地址引脚
A0、A1、A2 均接地,那么,24C02 设备的读操作地址为 0xA1;而写操作地址则为 0xA0。

3. 读写操作中的应答信号

在写操作中,24C02 每接收一个 8 位字节会产生一个应答信号。在读操作中,24C02 在
发送一个 8 位数据后会释放 SDA 线并监视应答信号,一旦收到应答信号,将继续发送数据;
如果主机没有发送应答信号,从机则停止发送数据且等待一个停止信号。

4. 字节写操作

字节写操作总线协议如图 6-20 所示,24C02 接收完设备地址后,产生应答信号;然后接
收 8 位内存字节地址,产生应答信号,接着接收一个 8 位数据,产生应答信号;最后主机发送
停止信号,字节写操作结束。

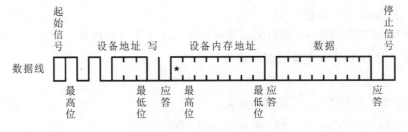

图 6-20　字节写操作总线协议

5. 页写操作

24C02 有一个 8 字节的页写缓冲器,也就是说可以连续写入 8 个字节到缓冲器,然后由
缓冲器一次性写到 EEPROM。页写操作初始化与字节写操作相同,只是主机不会在写完第
一个数据后就发送停止信号,而是在 24C02 应答后,接着还可以发送 7 个数据。

需要注意的是,24C02 接收到每个数据后,其字节地址的低 3 位会自动加 1,高位地址不变,维持在当前页内。当内部产生的字节地址到达该页边界时,随后的数据将写入该页的页首,先前写入的数据将会被覆盖。

6. 当前地址读操作

24C02 内部的地址寄存器会保存上次读/写操作最后一个地址加 1 的值。只要芯片有电,该地址就一直保存着。如果上次读/写操作的地址为 N,那么当前地址读操作就从 $N+1$ 开始。当读到最后一个字节(即 255 处),地址会回转到 0。

7. 字节读操作

字节读操作总线协议如图 6-21 所示,主机首先发送起始信号,接着发送设备地址和它想要读取的数据内存字节地址,执行一个伪字节写操作。在 24C02 应答主机之后,主机重新发送起始信号和从设备地址,进行读操作。24C02 响应并发送应答信号,然后输出所要求的一个 8 位字节数据。主机接收完这个 8 位数据后,产生一个非应答信号,最后发送停止条件,字节读操作结束。

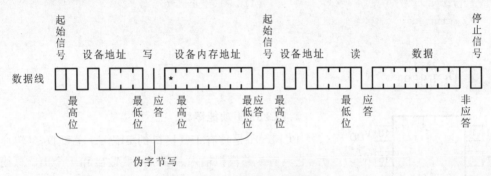

图 6-21 字节读操作总线协议

8. 连续读操作

在 24C02 发送完一个 8 位字节数据之后,主机产生一个应答信号来响应,告知 24C02,要求其读取更多的数据;读完最后一个数据后,主机向 24C02 发送一个非应答信号,然后发送一个停止信号,结束此操作。

9. 基本读写操作流程

24C02 的字节写操作,参考代码如下:

```
void write_eeprom(unsigned char add,unsigned char val)
{
    i2c_start();          //IIC 总线起始信号
    i2c_sendbyte(0xa0);  //24C02 的写设备地址
    i2c_waitack();        //等待从机应答
    i2c_sendbyte(add);   //内存字节地址
    i2c_waitack();        //等待从机应答
    i2c_sendbyte(val);   //写入目标数据
    i2c_waitack();        //等待从机应答
    i2c_stop();          //IIC 总线停止信号
    operate_delay(10);   //10 ms 左右的延时
}
```

24C02 的字节读操作,参考代码如下:

```
unsigned char read_eeprom(unsigned char add)
{
    unsigned char da;                    //进行一个伪写操作
    i2c_start();                         //IIC 总线起始信号
    i2c_sendbyte(0xa0);                  //24C02 写设备地址
        i2c_waitack();                   //等待从机应答
    i2c_sendbyte(add);                   //内存字节地址
    i2c_waitack();                       //等待从机应答
                                         //进行字节读操作
    i2c_start();                         //IIC 总线起始信号
    i2c_sendbyte(0xa1);                  //24C02 读设备地址
    i2c_waitack();                       //等待从机应答
    da=i2c_receivebyte();                //读取目标数据
    i2c_sendack(0);                      //产生非应答信号
    i2c_stop();                          //IIC 总线停止信号
    return da;
}
```

6.9 PCF8591

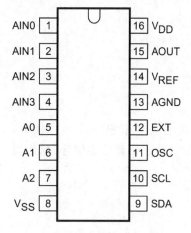

图 6-22 PCF8591 引脚图

1. PCF8591 功能概述

PCF8591 是具有 IIC 接口的 8 位 A/D 和 D/A 转换芯片,它具有 4 路模拟输入、1 路 DAC 输出和 1 个 IIC 总线接口,如图 6-22 所示。其主要的功能特性如下:

(1) 单电源供电,典型值为 5 V。

(2) 通过 3 个硬件地址引脚编址。

(3) 8 位逐次逼近式 A/D 转换。

(4) 片上跟踪与保持电路,采样速率取决于 IIC 总线速度。

(5) 4 路模拟输入可编程为单端输入或差分输入。

(6) 自动增量通道选择。

(7) 带一个模拟输出的乘法 DAC。

2. 设备地址

PCF8591 的设备地址包括固定部分和可编程部分。可编程部分需要根据硬件引脚 A0、A1 和 A2 来设置。设备地址的最后一位用于设置数据传输的方向,即读/写位。PCF8591 地址格式如图 6-23 所示。

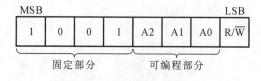

图 6-23 PCF8591 地址格式

在 IIC 总线协议中,设备地址是起始信号后发送的第 1 个字节。如果硬件地址引脚 A0、A1、A2 均接地,那么,PCF8591 设备的读操作地址为 0x91;而写操作地址则为 0x90。

3. 控制寄存器

在设备地址之后,发送到 PCF8591 的第 2 个字节将被存储在控制寄存器中,用于控制器件功能。该寄存器的具体定义如图 6-24 所示。

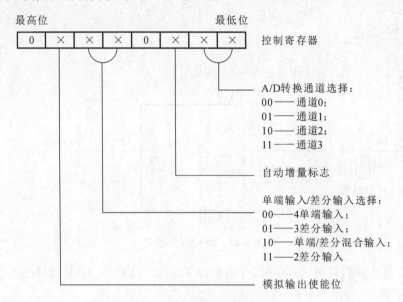

图 6-24 控制寄存器定义

在"蓝桥杯"单片机设计与开发赛项使用的 CT107D 单片机开发平台中,PCF8591 的 3 个硬件引脚地址均接地,2 路模拟信号均为单端输入,分别是:

(1) 光敏传感器接到 AIN1,通道 1;控制寄存器应写入 0x01。

(2) 电位器接到 AIN3,通道 3;控制寄存器应写入 0x03。

写模式总线协议如图 6-25 所示;读模式总线协议如图 6-26 所示。

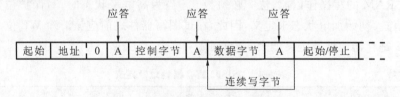

图 6-25 写模式总线协议(D/A 转换)

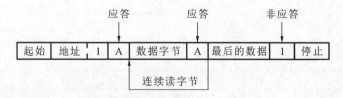

图 6-26 读模式总线协议(A/D 转换)

4. A/D 转换应用开发流程

一个 A/D 转换周期的开始,总是在发送有效的读设备地址给 PCF8591 之后,A/D 转换在

应答时钟脉冲的后沿被触发。PCF8591 的 A/D 转换程序设计流程,可以分为 4 个步骤:

(1) 发送写设备地址,选择 IIC 总线上的 PCF8591 器件。

(2) 发送控制字节,选择模拟量输入模式和通道。

(3) 发送读设备地址,选择 IIC 总线上的 PCF8591 器件。

(4) 读取 PCF8591 中目标通道的数据。

6.10 DS1302

DS1302(时钟芯片)的接线图如图 6-27 所示。

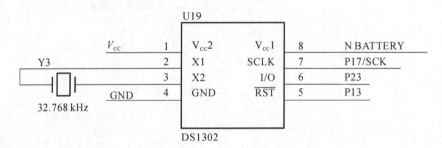

图 6-27 DS1302 接线图

DS1302 芯片我们只用 3 个引脚,分别是 SCLK(串行时钟)、I/O(数据输入/输出引脚)及 RST(复位脚)。功能如下:

(1) SCLK:控制数据的输入与输出。

(2) I/O:三线接口时的双向数据线。

(3) RST(也就是 CE,这个引脚很重要):输入信号。需要特别注意的是,在 CE 读写数据期间,必须为高电平状态。如果 CE 输入为低电平,则所有数据传输终止。

只有仔细阅读 DS1302 的说明书,理解写保护位这个概念,才能正确编写程序。

控制寄存器的位 7 是写保护位,前 7 位(位 0 至 6)被强制为 0 且读取时总是读 0。在任何对时钟或 RAM 的写操作以前,位 7 必须为 0。当为高电平状态时,写保护位禁止任何寄存器的写操作。初始加电状态未定义,因此,在试图写器件之前应该清除 WP 位。

DS1302 寄存器地址及定义如表 6-4 所示。

表 6-4 DS1302 寄存器地址及定义

读	写	位 7	位 6	位 5	位 4	位 3	位 2	位 1	位 0	范围
81h	80h	停止		10 秒		秒				00~59
83h	82h	—		10 分		分				00~59
85h	84h	12/24	0	10 上午/ 下午	时	时				1~12/ 0~23
87h	86h	0	0	10 日		日				1~31
89h	88h	0	0	0	10 月	月				1~12
8Bh	8Ah	0	0	0	0	0	星期			1~7
8Dh	8Ch	10 年				年				00~99
8Fh	8Eh	写保护	0	0	0	0	0	0	0	—

解读表 6-4 可知,写保护位就是 WP,从表 6-4 的最后一行往上 7 位依次存储的是年、星期、月、日、时、分、秒。特别应注意的是,存储时间的这 7 个寄存器数据的编码格式是 BCD 码,所以在写入与读出时间时要进行转换。

依据 CT107D 开发平台原理图先进行位定义,代码如下:

```
sbit SCK=P1^7;        //对应 SCLK 引脚
sbit SDA=P2^3;        //对应 I/O 引脚
sbit RST=P1^3;        // 就是 CE 引脚
```

下面分四步来实现时钟的功能。

第一步:根据图 6-28 来写入字节写函数(此函数竞赛时会在底层驱动里提供,只需稍做更改)。

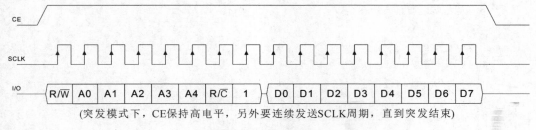

(突发模式下,CE保持高电平,另外要连续发送SCLK周期,直到突发结束)

图 6-28   单字节写

```
void Write_Ds1302_Byte( unsigned char address,unsigned char dat )
{
    RST=0;_nop_();
    SCK=0;_nop_();
    RST=1;_nop_();
    Write_Ds1302(address);
    Write_Ds1302((dat/10<<4)|(dat%10));      //参数里把十进制数转换为 BCD 码
    RST=0;
}
```

第二步:写入时间初始化函数。

```
void dsinit()
{
    unsigned char i,add;
    add=0x80;                           //时间寄存器地址是从 0x80 开始
    Write_Ds1302_Byte(0x8e,0x00);       //清除写保护位
    for(i=0;i<7;i++)
    {
        Write_Ds1302_Byte(add,str[i]);  // str[i]是存放时间的数组,7 个元素
        add+=2;                         //时间寄存器地址间隔是 2
    }
    Write_Ds1302_Byte(0x8e,0x80);       //写保护
}
```

第三步:根据图 6-29 来写入字节读函数(此函数竞赛时会在底层驱动里提供,只需稍做更改)。

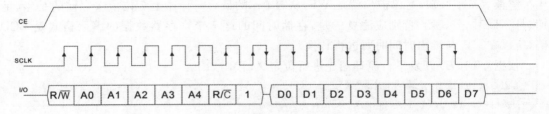

图 6-29　单字节读

```c
unsigned char Read_Ds1302_Byte ( unsigned char address )
{
    unsigned char i,temp=0x00;
    RST=0;_nop_();
    SCK=0;_nop_();
    RST=1;_nop_();
    Write_Ds1302(address);
    for (i=0;i<8;i++)
    {
        SCK=0;
        temp>>=1;
        if(SDA)
        temp|=0x80;
        SCK=1;
    }
    RST=0;_nop_();
    SCK=0;_nop_();
    SCK=1;_nop_();
    SDA=0;_nop_();
    SDA=1;_nop_();
    return (temp/16*10+temp%16);          //参数里把 BCD 码转换为十进制数
}
```

第四步：写获取时间函数。

```c
void dsget()
{
    unsigned char i,add;
    add=0x81;                             //读时间是从地址 0x81 开始的
    Write_Ds1302_Byte(0x8e,0x00);
    for(i=0;i<7;i++)
    {
        t[i]=Read_Ds1302_Byte (add);      // t[i]存放读出来的时间
        add=add+2;
    }
    Write_Ds1302_Byte(0x8e,0x80);
}
```

结合前面数码管显示程序，就可以向 DS1302 写入初始时间，并由此初始时间开始动态
走时，一个简单的电子钟就设计出来了。

6.11 ULN2003

1. 概述

ULN2003(见图 6-30)是一个单片高电压、高电流的达林顿晶体管阵列集成电路。它是由 7 对 NPN 达林顿管组成的,它的高电压输出特性和阴极钳位二极管可以转换感应负载。每对达林顿管的集电极电流是 500 mA。达林顿管并联可以承受更大的电流。此电路主要应用于继电器驱动器、灯驱动器、显示驱动器(LED 气体放电)、线路驱动器和逻辑缓冲器。ULN2003 的每对达林顿管都有一个 2.7 kΩ 的串联电阻,可以直接和 TTL 或 5 V CMOS 装置连接。

2. 主要特点

(1) 500 mA 额定集电极电流(单个输出)。

(2) 高电压输出:50 V。

(3) 输入和各种逻辑类型兼容。

(4) 输入与输出相反。

3. 引脚连接

ULN2003 引脚连接如图 6-31 所示。

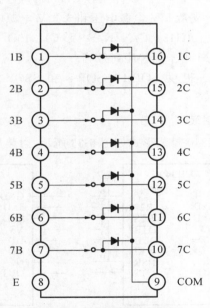

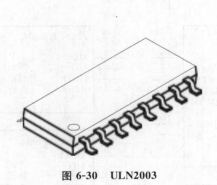

图 6-30　ULN2003　　　　图 6-31　ULN2003 引脚连接

6.12 CH340

1. 概述

CH340 是一个 USB 总线的转接芯片,可实现 USB 转串口或者 USB 转打印口。

在串口方式下,CH340 提供常用的 MODEM 联络信号,用于为计算机扩展异步串口,或者将普通的串口设备直接升级到 USB 总线。CH340 的连接如图 6-32 所示。

2. 特点

CH340 具有以下特点:

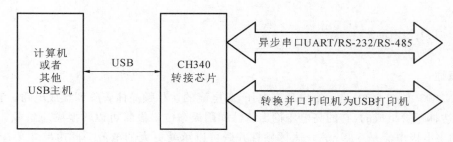

图 6-32　CH340 的连接

（1）全速 USB 设备接口，兼容 USB V2.0。

（2）仿真标准串口，用于升级原串口外围设备，或者通过 USB 增加额外串口。

（3）计算机端 Windows 操作系统下的串口应用程序完全兼容，无须修改。

（4）硬件全双工串口，内置收发缓冲区，支持通信波特率 50 b/s～2 Mb/s。

（5）支持常用的 MODEM 联络信号 RTS、DTR、DCD、RI、DSR、CTS。

（6）通过外加电平转换器件，提供 RS-232、RS-485、RS-422 等接口。

（7）CH340R 芯片支持 IrDA 规范 SIR 红外线通信，支持波特率 2 400 b/s 到115 200 b/s。

（8）内置固件，软件兼容 CH341，可以直接使用 CH341 的 VCP 驱动程序。

（9）支持 5 V 电源电压和 3.3 V 电源电压甚至 3 V 电源电压。

（10）CH340C/N/K/E 及 CH340B 内置时钟，不需外部晶振，CH340B 还内置 EEPROM 用于配置序列号等。

（11）提供 SOP-16、SOP-8 和 SSOP-20 以及 ESSOP-10、MSOP-10 无铅封装，兼容 RoHS。

3. 封装

CH340 封装形式如图 6-33 所示，封装尺寸如表 6-5 所示。

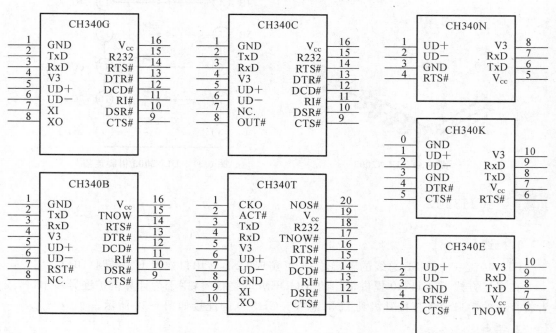

图 6-33　CH340 封装形式

表 6-5　CH340 封装尺寸

封装形式	塑体宽度		引脚间距		封装说明	订货型号
SOP-16	3.9 mm	150 mil	1.27 mm	50 mil	标准的 16 脚贴片	CH340G
SOP-16	3.9 mm	150 mil	1.27 mm	50 mil	标准的 16 脚贴片	CH340C
SOP-8	3.9 mm	150 mil	1.27 mm	50 mil	标准的 8 脚贴片	CH340N
ESSOP-10	3.9 mm	150 mil	1.00 mm	39 mil	带底板的窄距 10 脚贴片	CH340K
SOP-16	3.9 mm	150 mil	1.27 mm	50 mil	标准的 16 脚贴片	CH340B
MSOP-10	3.0 mm	118 mil	0.50 mm	19.7 mil	微小型的 10 脚贴片	CH340E
SSOP-20	5.30 mm	209 mil	0.65 mm	25 mil	缩小型 20 脚贴片	CH340T
SSOP-20	5.30 mm	209 mil	0.65 mm	25 mil	缩小型 20 脚贴片	CH340R

型号区别：

（1）CH340C、CH340N、CH340K 和 CH340E 以及 CH340B 内置时钟，不需外部晶振。

（2）CH340B 内置 EEPROM 用于配置序列号，部分功能可定制等。

（3）CH340K 内置 3 个二极管用于减少独立供电时与 MCU 的 I/O 引脚之间的电流倒灌。

6.13　LM324

1. 概述

LM324 内部有 4 个独立的、高增益的、内部频率补偿的运算放大器，适合电源电压范围很宽的单电源使用，也适用于双电源工作模式，在推荐的工作条件下，电源电流与电源电压无关。它的使用范围包括传感放大器、直流增益模块和其他所有可用单电源供电的使用运算放大器的场合。

2. 特点

LM324 具有以下特点：

（1）内部频率补偿。

（2）直流电压增益高（约 100 dB）。

（3）单位增益频带宽（约 1 MHz）。

（4）电源电压范围宽：单电源，3～32 V；双电源，负电源为 −1.5～−16 V，正电源为 1.5～16 V。

（5）低功耗电流，适用于电池供电场合。

（6）低输入偏流。

（7）低输入失调电压和失调电流。

（8）共模输入电压范围宽，包括接地。

（9）差模输入电压范围宽，等于电源电压范围。

（10）输出电压摆幅大：0 至 $(V_{CC}-1.5\text{ V})$。

3. 管脚排列

LM324 管脚排列如图 6-34 所示。

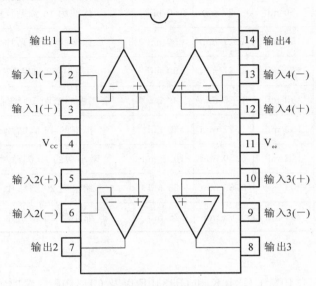

图 6-34　LM324 管脚排列

4. 内部通道电路图

LM324 内部通道电路图如图 6-35 所示，它仅有一个通道。

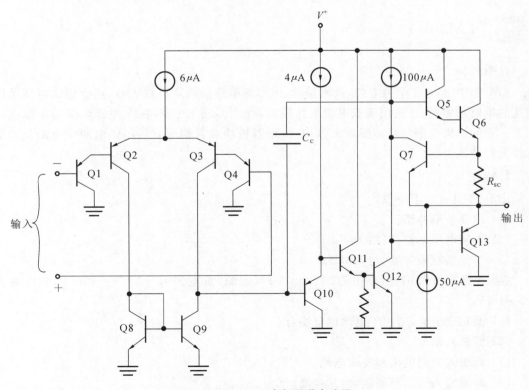

图 6-35　LM324 内部通道电路图

6.14 LM386

1. 概述

LM386 是一种音频集成功率放大器(功放),具有自身功耗低、电压增益可调整、电源电压范围大、外接元件少和总谐波失真小等优点,广泛应用于录音机和收音机之中。

2. LM386 内部电路

LM386 内部电路原理如图 6-36 所示。与通用型集成运算放大器(运放)相类似,它是一个三级放大电路。

第一级为差分放大电路,T_1 和 T_3、T_2 和 T_4 分别构成复合管,作为差分放大电路的放大管;T_5 和 T_6 组成镜像电流源作为 T_1 和 T_2 的有源负载;T_3 和 T_4 信号从管的基极输入,从 T_2 管的集电极输出,为双端输入单端输出差分电路。使用镜像电流源作为差分放大电路有源负载,可使单端输出电路的增益近似等于双端输出电容的增益。

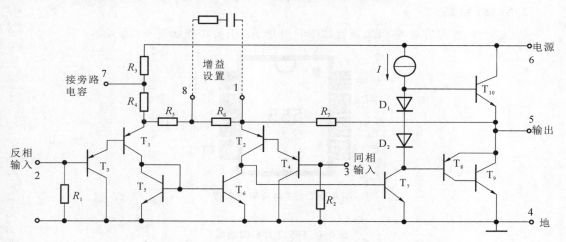

图 6-36　LM386 内部电路原理

第二级为共射放大电路,T_7 为放大管,恒流源做有源负载,以增大放大倍数。

第三级中的 T_8 和 T_9 管复合成 PNP 型管,与 NPN 型管 T_{10} 构成准互补输出级。二极管 D_1 和 D_2 为输出级提供合适的偏置电压,可以消除交越失真。

引脚 2 为反相输入端,引脚 3 为同相输入端。电路由单电源供电,故为 OTL 电路。输出端(引脚 5)应外接输出电容后再接负载。

电阻 R_7 从输出端连接到 T_2 的发射极,形成反馈通路,并与 R_5 和 R_6 构成反馈网络,从而引入了深度电压串联负反馈,使整个电路具有稳定的电压增益。

3. LM386 的引脚图

LM386 的外形和引脚的排列如图 6-37 所示。引脚 2 为反相输入端;3 为同相输入端;引脚 5 为输出端;引脚 6 和 4 分别为接电源端和接地端;引脚 1 和 8 为电压增益设定端。使用时,在引脚 7 和接地端之间接旁路电容(通常取 $10\ \mu F$)。

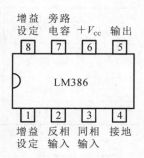

图 6-37　LM386 引脚

6.15 NE555

1. 概述

NE555 是一块通用时基电路,电路包含 24 个晶体管、2 个二极管和 17 个电阻,组成阈值比较器、触发比较器、RS 触发器、复位输入、放电和输出等 6 个部分。

NE555 的工作温度范围为 0~70 ℃,军用级的 SE555 的工作温度范围为−55~125 ℃。

NE555 的封装分为高可靠性的金属封装(用 T 表示)和低成本的环氧树脂封装(用 V 表示),所以 555 的完整标号为 NE555V 或 NE555T。一般认为 555 芯片名字的由来是其中的 3 个 5 kΩ 的电阻。

555 芯片还有低功耗的版本,包括 7555 和使用 CMOS 电路的 TLC555。7555 的功耗比标准 555 低,而且其生产商宣称 7555 的控制引脚并不像其他 555 芯片那样需要接地电容,同时,供电与接地端之间也不需要用以消除噪声的去耦电容。

2. NE555 引脚

555 芯片(含 NE555)各引脚布置如图 6-38 所示,引脚功能如表 6-6 所示。

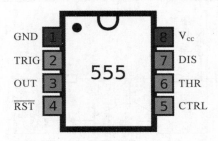

图 6-38　555 芯片引脚布置

表 6-6　555 芯片引脚功能

引脚	名　　称	功　　能
1	GND(接地)	接地,作为低电位(0 V)
2	TRIG(触发)	当此引脚电压降至 $1/3V_{cc}$(或由控制端决定的阈值电压)时输出端给出高电位
3	OUT(输出)	输出高电平($+V_{cc}$)或低电位
4	RST(复位)	当此引脚接高电平时定时器工作;当此引脚接地时芯片复位,输出低电位
5	CTRL(控制)	控制芯片的阈值电压(当此引脚接空时默认两阈值电压为 $1/3V_{cc}$ 与 $2/3V_{cc}$)
6	THR(阈值)	当此引脚电压升至 $2/3V_{cc}$(或由控制端决定的阈值电压)时输出端给出低电位
7	DIS(放电)	内接 OC 门,用于给电容放电
8	V_{cc}(供电)	提供高电位并给芯片供电

3. 工作模式

555 定时器可工作在 3 种模式下:

（1）单稳态模式：在此模式下，555 功能为单次触发。应用范围包括：作为定时器，进行脉冲丢失检测，作为反弹跳开关或轻触开关，作为分频器，进行电容测量，进行脉冲宽度调制（PWM）等。

（2）无稳态模式：在此模式下，555 以振荡器的方式工作。这一工作模式下的 555 芯片常被用于频闪灯、脉冲发生器、逻辑电路时钟、音调发生器、脉冲位置调制（PPM）等电路中。如果使用热敏电阻作为定时电阻，555 可构成温度传感器，其输出信号的频率由温度决定。

（3）双稳态模式（或称施密特触发器模式）：在 DIS 引脚空置且不外接电容的情况下，555 的工作方式类似一个 RS 触发器，可用于构成锁存开关。

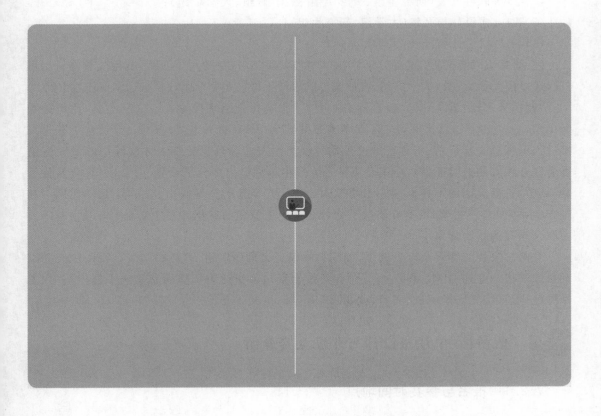

第7章 "蓝桥杯"单片机竞赛及开发平台介绍

7.1 关于"蓝桥杯"

自 2010 年"蓝桥杯"开赛以来,包括北京大学、清华大学在内的超过 1 200 所院校,累计 20 万余名学子报名参赛,IBM、百度等知名企业全程参与,"蓝桥杯"已成为采用国内领跑的人才培养选拔模式并获得行业深度认可的 IT 类科技竞赛。

"蓝桥杯"的参赛对象是具有正式全日制学籍并且符合相关科目报名要求的研究生、本科生及高职高专学生(以报名时状态为准),以个人为单位进行比赛,设置了以下几个方面的个人赛项:

(1) C/C++程序设计(研究生组、大学 A 组、大学 B 组、大学 C 组);

(2) Java 软件开发(研究生组、大学 A 组、大学 B 组、大学 C 组);

(3) 嵌入式设计与开发(大学组、研究生组);

(4) 单片机设计与开发(大学组)。

注:研究生只能报研究生组,"985""211"大学本科生只能报大学 A 组,其他院校本科生可自行选择报大学 A 组或大学 B 组,高职高专院校学生可报大学 C 组或自行选择报任意组别。

"蓝桥杯"分为省赛和国赛(全国总决赛)。省赛每个组别设置一、二、三等奖,比例分别为 10%、20%、30%,总比例为实际参赛人数的 60%,零分卷不得奖;省赛一等奖选手获得直接进入全国总决赛资格;所有获奖选手均可获得由工业和信息化部人才交流中心及大赛组委会联合颁发的获奖证书。全国总决赛个人赛根据相应组别分别设立一、二、三等奖及优秀奖,其中,一等奖比例不高于 5%,二等奖占 20%,三等奖比例不低于 25%,优秀奖比例不超过 50%,零分卷不得奖;所有获奖选手均可获得由工业和信息化部人才交流中心及大赛组委会联合颁发的获奖证书。

全国总决赛三等奖及以上选手,如获得本校免试推研资格,可获得知名高校的优先面试及录取资格。此外 IBM、百度、金证财富等数十家知名企业为优秀的获奖选手提供实习、工作绿色通道,优先安排面试、实习、就业。

7.2 "蓝桥杯"单片机设计与开发竞赛介绍

◆ 7.2.1 报名与参赛时间地点

具有正式学籍的在校全日制本科及高职高专学生(以报名时状态为准)均可在大赛官网

报名。大赛省赛采用统一命题、分赛区比赛的组织方式。选手在指定赛点参加省赛。省赛一等奖获得者直接晋级全国总决赛。全国总决赛统一命题、集中考试。

大赛网址：www. lanqiao. org。

报名时间：一般在 10 月 15 日—12 月 15 日。

省赛时间：一般在报名次年 3 月。

全国总决赛时间：一般在报名次年 5 月或 6 月。

7.2.2 竞赛用时

省赛时长：5 小时。

全国总决赛时长：5 小时。

7.2.3 竞赛形式

一般为个人赛，省赛、全国总决赛均采用封闭、限时方式进行。

选手机器通过局域网连接到各个考场的竞赛服务器。选手答题过程中无法访问互联网。以"服务器—浏览器"方式发放试题、回收选手答案。

7.2.4 试题形式

竞赛试题由客观题和基于统一硬件平台的程序设计与调试试题两部分组成。

1. 客观题

1）选择题

选手根据题目描述，选择若干个答案。

2）填空题

题目描述一个具有确定解的问题，选手根据题目要求填写唯一答案。

2. 硬件程序设计试题

1）硬件平台

单片机型号为 IAP15F2K61S2，硬件平台为国信长天单片机综合训练平台。

网址：www. gxct. net。

2）试题形式

参赛选手在规定时间内，基于国信长天单片机综合训练平台，按照试题要求，使用 C 语言或汇编语言完成设计开发与调试任务。

7.2.5 赛场设备设施

1. 硬件设施

1）万用表

赛场采用数字万用表，具备直流电压、电流、电阻测量和通断测试功能。

2）计算机

计算机为 X86 兼容机器，内存不小于 1 GB，硬盘不小于 60 GB。

操作系统为 Windows XP 或 Windows 7。

2. 软件预装

（1）Keil C51 集成开发环境。

（2）STC-ISP V6.85H 程序下载软件（或以上版本）。

（3）单片机综合训练平台驱动程序。

◆ 7.2.6　试题涉及的基础知识

（1）C 程序设计基础知识。

（2）模拟/数字电子技术基础。

（3）MCS-51 单片机基础。

（4）MCS-51 单片机程序开发与调试。

◆ 7.2.7　分值比例

客观题：30%。

基于统一硬件平台的程序设计与调试试题：70%。

◆ 7.2.8　评分

客观题：答案唯一，每题只有 0 分或满分，全部机器阅卷。

基于统一硬件平台的程序设计与调试试题：专家组根据参赛选手功能完成情况，依据评分细则评分。

7.3　竞赛开发平台介绍

"蓝桥杯"单片机赛项 CT107D 单片机开发平台相关介绍见附录 A 和附录 B。

第 **8** 章 "蓝桥杯"单片机竞赛必考模块

LED、数码管显示、按键识别、中断控制、定时器设计是每年"蓝桥杯"单片机竞赛必考内容,所以相关的每个模块知识都必须熟练掌握。

8.1 按键控制 LED 位移

◆ 8.1.1 功能

通过 4 个独立按键对 P0 口的输出数值进行加/减 1、加/减 2 的操作,从而控制 LED 按照一定的规律移动。

◆ 8.1.2 目的

(1)掌握单片机 I/O 口操作的基本方法。
(2)掌握按键扫描及软件延时消除抖动的基本原理。
(3)掌握 LED 的控制方法。

◆ 8.1.3 程序说明

(1)使用程序前,将跳线排针 J5 调整为 BTN 模式。
(2)本程序中使用的软件延时消抖方法会降低单片机系统的实时性,其目的在于理解按键抖动产生的过程和消除抖动的方法,在后续的实验编程案例中会逐步介绍基于定时器扫描的消抖方法。
(3)相关按键功能可以参考按键处理函数 void key_proc(unsigned char key)。

◆ 8.1.4 参考源代码

```
# include "reg52.h"              //定义 51 单片机特殊功能寄存器
unsigned char read_key(void);
void key_proc(unsigned char key);
void delay(void);

void cls_buzz()                  //关闭驱动模块
{
    P2=(P2&0x1F|0xA0);
    P0=0x00;
```

```
        P2&=0x1F;
    }

    void cls_led()                      //关闭 LED
    {
        P2=(P2&0x1F|0x80);
        P0=0xFF;
        P2&=0x1F;
    }


    void main(void)                     //主函数
    {
      unsigned char temp;
        cls_buzz();
        cls_led();
      while(1)
      {
          temp=read_key();
          if(temp!=0xff)
          {
              delay();                  //按键消抖
              temp=read_key();
              if(temp!=0xff)
              {
                  key_proc(temp);       //进入按键处理函数

                  while(P3!=0xff);       //等待按键释放
              }
          }
      }
    }


unsigned char read_key(void)            //按键扫描函数
{
    unsigned char temp;
    unsigned char key_value=0xff;
    temp=P3&0x0f;
    switch(temp)
    {
        case 0x0e:
            key_value=1;                //S7
            break;
        case 0x0d:
            key_value=2;                //S6
            break;
```

```
        case 0x0b:
            key_value=3;          //S5
            break;
        case 0x07:
            key_value=4;          //S4
            break;
    }
    return key_value;
}

void key_proc(unsigned char key)    //按键处理函数
{
    switch(key)
    {
        case 1:
            P2=(P2&0x1f|0x80);
            P0++;
            P2&=0x1f;
        break;
        case 2:
            P2=(P2&0x1f|0x80);
            P0--;
            P2&=0x1f;
            break;
        case 3:
            P2=(P2&0x1f|0x80);
            P0+=2;
            P2&=0x1f;
        break;
        case 4:
            P2=(P2&0x1f|0x80);
            P0-=2;
            P2&=0x1f;
        break;
    }
}

void delay(void)                   //延时函数：10ms@11.0592MHz
{
    unsigned char i, j;
    i=108;
    j=145;
    do
    {
        while (--j);
    }
    while (--i);
}
```

8.2   数码管显示矩阵键盘按键号

8.2.1   功能

识别矩阵键盘按键号；利用定时器产生中断，在中断服务程序里动态刷新数码管，显示出按键号。

8.2.2   目的

（1）掌握矩阵键盘扫描的基本原理。
（2）掌握数码管动态刷新原理。
（3）掌握定时器和中断的使用。

8.2.3   程序说明

（1）使用程序前，将跳线排针 J5 调整为 KBD 模式。
（2）转接板上分别使用 P4.4、P4.2 代替 P3.7、P3.6。

8.2.4   参考源代码

```c
# include "reg52.h"              //定义 51 单片机特殊功能寄存器
# include "absacc.h"
sfr AUXR=0x8E;
sfr P4=0xC0;                     //P4
sbit P42=P4^2;
sbit P44=P4^4;                   //0、1、2、3、4、5、6、7、8、9 熄灭
code unsigned char tab[]={ 0xc0,0xf9,0xa4,0xb0,0x99,0x92,0x82,0xf8,0x80,0x90,0xFF};
unsigned char dspbuf[8]={10,10,10,10,10,10,10,10};
                                //显示缓冲区
unsigned char dspcom=0;
bit key_re;
unsigned char key_press;
unsigned char key_value;
bit key_flag=0;
unsigned char intr=0;
unsigned char keyscan();
void display();

void main(void)
{
    unsigned char key_temp=0xff;
  P0=0XFF;
    P2=0X80;
    P2=0X1F;
    P0=0;
```

```
        P2=0xA0;
        P2=0X1F;

        AUXR|=0x80;                       //1T 模式,IAP15F2K61S2 单片机特殊功能寄存器

        TMOD&=0xF0;
        TL0=0xCD;
        TH0=0xD4;
        TF0=0;
        TR0=1;
        ET0=1;
        EA=1;
        while(1)
        {
            if(key_flag)
            {
                key_flag=0;
                key_temp=keyscan();
                if(key_temp!=0xFF)
                {
                    dspbuf[7]=key_temp%10;
                    if(key_temp/10!=0)
                      dspbuf[6]=key_temp/10;
                    else
                        dspbuf[6]=10;
                }
            }
        }
}


void isr_timer_0(void)   interrupt 1//定时器中断服务函数,默认中断优先级 1
{
    display();
    if(++intr==5)                     //1 ms 执行一次
    {
    intr=0;
        key_flag=1;                   //10 ms 按键扫描标志位置 1
    }
}


unsigned char keyscan(void)
{
  unsigned char keyvalue=0xff;
  P44=0;P42=1;P3=0xFF;                //S4、S5、S6、S7
  switch(P3)
```

```
    {
      case 0xFE: keyvalue=0;break;
      case 0xFD: keyvalue=4;break;
      case 0xFB: keyvalue=8;break;
      case 0xF7: keyvalue=12;break;
      default: break;
    }
    P44=1;P42=0;P3=0xFF;                  //S8、S9、S10、S11
    switch(P3)
    {
      case 0xFE: keyvalue=1;break;
      case 0xFD: keyvalue=5;break;
      case 0xFB: keyvalue=9;break;
      case 0xF7: keyvalue=13;break;
      default: break;
    }
      P44=1;P42=1;
    P3=0xEF;                              //S16、S17、S18、S19
    switch(P3)
    {
      case 0xEE: keyvalue=3;break;
      case 0xED: keyvalue=7;break;
      case 0xEB: keyvalue=11;break;
      case 0xE7: keyvalue=15;break;
      default: break;
    }
    P44=1;P42=1;
    P3=0xDF;                              //S12、S13、S14、S15
    switch(P3)
    {
      case 0xDE: keyvalue=2;break;
      case 0xDD: keyvalue=6;break;
      case 0xDB: keyvalue=10;break;
      case 0xD7: keyvalue=14;break;
      default: break;
    }
    return keyvalue;
}

void display(void)                        //显示函数
{
    P0=0xff;
    P2=((P2&0x1f)|0xE0);
    P2&=0x1f;
    P0=1<<dspcom;
```

```
    P2=((P2&0x1f)|0xC0);
    P2&=0x1f;
    P0=tab[dspbuf[dspcom]];
P2=((P2&0x1f)|0xE0);
    P2&=0x1f;
if(++dspcom==8)
{
    dspcom=0;
}
}
```

第9章 "蓝桥杯"单片机竞赛选考模块

开发板单片机与开发板上其他芯片之间通信主要有 3 类总线,即 OneWire 总线、IIC 总线和 SPI 总线。每年竞赛题目都会选择其中 1～2 种总线协议来考察。串口通信、超声波相关知识在全国总决赛中反复考,有可能出现在省赛中。本章着重通过 4 个实例来练习 3 种通信协议的应用编程。

9.1 测量温度并显示

◆ 9.1.1 功能

用 DS18B20 实时测量温度,数码管显示测量出的温度。

◆ 9.1.2 目的

(1) 掌握 OneWire 总线通信基本特点和工作时序。
(2) 掌握 STC15 单片机模拟单总线时序的程序设计方法。
(3) 掌握 DS18B20 温度传感器的操作方法。

◆ 9.1.3 程序说明

(1) 通过数码管显示实时温度数据。
(2) DS18B20 数据线引脚 DQ 与单片机 P1.4 引脚连接。
(3) 测量精度为 1 摄氏度。
(4) 数码管驱动函数采用 I/O 方式编写,将跳线 J13 调整为 IO 模式。

◆ 9.1.4 参考源代码

```
/*onewire.h*/
# ifndef _ONEWIRE_H
# define _ONEWIRE_H
# define OW_SKIP_ROM 0xcc
# define DS18B20_CONVERT 0x44
# define DS18B20_READ 0xbe

unsigned char rd_temperature(void);          //获取实时温度函数
# endif

/*onewire.c*/
```

```c
# include "reg52.h"
sbit DQ=P1^4;


void Delay_OneWire(unsigned int t)          //单总线延时函数
{
    unsigned char i;
    while(t--)
    {
        for(i=0;i<12;i++);
    }
}


void Write_DS18B20(unsigned char dat)        //通过单总线向 DS18B20 写一个字节
{
    unsigned char i;
    for(i=0;i<8;i++)
    {
        DQ=0;
        DQ=dat&0x01;
        Delay_OneWire(5);
        DQ=1;
        dat>>=1;
    }
    Delay_OneWire(5);
}


unsigned char Read_DS18B20(void)             //用 DS18B20 读取一个字节
{
    unsigned char i;
    unsigned char dat;
    for(i=0;i<8;i++)
    {
        DQ=0;
        dat>>=1;
        DQ=1;
        if(DQ)
        {
            dat|=0x80;
        }
        Delay_OneWire(5);
    }
    return dat;
}


bit init_ds18b20(void)                       //DS18B20 初始化
```

```
{
    bit initflag=0;
    DQ=1;
    Delay_OneWire(12);                          //185 μs
    DQ=0;
    Delay_OneWire(80);                          //1 218 μs,延时大于 480 μs
    DQ=1;
    Delay_OneWire(10);                          //155, 14
    initflag=DQ;                                //initflag 等于 1,初始化失败
    Delay_OneWire(5);                           //78 μs
    return initflag;
}

unsigned char rd_temperature(void)             //DS18B20 温度采集程序:整数
{
    unsigned char low,high;
    char temp;
    init_ds18b20();
    Write_DS18B20(0xCC);
    Write_DS18B20(0x44);                        //启动温度转换
    Delay_OneWire(200);
    init_ds18b20();
    Write_DS18B20(0xCC);
    Write_DS18B20(0xBE);                        //读取寄存器
    low=Read_DS18B20();                         //低字节
    high=Read_DS18B20();                        //高字节
    temp=high<<4;
    temp|=(low>>4);
    return temp;
}


/*main.c*/
# include "reg52.h"                             //定义 51 单片机特殊功能寄存器
# include "onewire.h"                           //单总线函数库
sfr AUXR=0x8E;
unsigned char dspbuf[8]={10,10,10,10,10,10,10,10};   //显示缓冲区
unsigned char dspcom=0;
unsigned char intr;
bit temper_flag=0;                              //温度读取标志
code unsigned char tab[]={0xc0,0xf9,0xa4,0xb0,0x99,0x92,0x82,0xf8,0x80,0x90,0xff};
void display(void);

void cls_buzz()
{
    P2=((P2&0x1f)|0xA0);
```

```
    P0=0x00;
    P2&=0x1f;
}
    void cls_led()
{
    P2=((P2&0x1f)|0x80);
    P0=0xFF;
    P2&=0x1f;
}

void main(void)                              //主函数
{
    unsigned char temperature;
    cls_buzz();cls_led();
    AUXR|=0x80;
    TMOD&=0xF0;
    TL0=0xCD;
    TH0=0xD4;
    TF0=0;
    TR0=1;
    ET0=1;
    EA=1;
    while(1)
    {
      if(temper_flag)
      {
          temper_flag=0;
          temperature=rd_temperature();        //读温度
      }
    (temperature>=10)? (dspbuf[6]=temperature/10):(dspbuf[6]=10);
                                                //显示数据更新
    dspbuf[7]=temperature%10;
    }
}

void isr_timer_0(void)   interrupt 1          //定时器中断服务函数,默认中断优先级 1
{
    display();
    if(++intr=100)                            //1 ms 执行一次
    {
        intr=0;
        temper_flag=1;                        //100 ms 温度读取标志位置 1
    }
}
```

```
void display(void)                      //显示函数
{
    P2=((P2&0x1f)|0xE0);
    P0=0xff;
    P2&=0x1f;
    P0=1<<dspcom;
    P2=((P2&0x1f)|0xC0);
    P2&=0x1f;
    P0=tab[dspbuf[dspcom]];
    P2=((P2&0x1f)|0xE0);
    P2&=0x1f;
    if(++dspcom==8){ dspcom=0; }
}
```

9.2 存储器存储开机次数

9.2.1 功能

开发板每次打开电源时,开机次数加 1 后保存到 AT24C02 芯片中;开发板下一次打开电源从 AT24C02 芯片中读出加过的数据。如此循环,每打开电源一次,开机次数就会加 1。

9.2.2 目的

(1) 掌握 IIC 总线通信基本特点和工作时序。
(2) 掌握 STC15 单片机模拟 IIC 总线时序的程序设计方法。
(3) 掌握 EEPROM 存储器的特性及 AT24C02 的读写操作方法。

9.2.3 程序说明

(1) 使用程序前,将跳线 J13 调整为 MM 模式。
(2) 主程序文件"main. c"中需 #include "absacc. h"。
(3) "i2c. c"文件中每个函数开头有多行注释,验证的时候可以不写。

9.2.4 参考源代码

```
/*i2c.h*/
# ifndef __I2C_H
# define __I2C_H
void i2c_delay(unsigned char i);
void i2c_start(void);
void i2c_stop(void);
void i2c_sendbyte(unsigned char byt);
unsigned char i2c_waitack(void);
unsigned char i2c_receivebyte(void);
void i2c_sendack(unsigned char ackbit);
void write_eeprom(unsigned char add,unsigned char val);
```

```c
unsigned char read_eeprom(unsigned char add);
# endif

/*i2c.c*/
# include "reg52.h"
# include "intrins.h"
# define DELAY_TIME 5

/*定义 IIC 总线时钟线和数据线 */
sbit scl=P2^0;
sbit sda=P2^1;

/**
*@brief IIC 总线中一些必要的延时
*
*@param[in] i- 延时时间调整
*@return none
*/
void i2c_delay(unsigned char i)
{
    do
    {
        _nop_();_nop_();_nop_();_nop_();_nop_();
        _nop_();_nop_();_nop_();_nop_();_nop_();
        _nop_();_nop_();_nop_();_nop_();_nop_();
    }
    while(i--);
}

/**
*@brief 产生 IIC 总线启动条件
*
*@param[in] none
*@param[out] none
*@return none
*/
void i2c_start(void)
{
    sda=1;
    scl=1;
    i2c_delay(DELAY_TIME);
    sda=0;
    i2c_delay(DELAY_TIME);
    scl=0;
}
```

```c
/**
*@brief 产生 IIC 总线停止条件
*
*@param[in] none
*@param[out] none
*@return none
*/
void i2c_stop(void)
{
    sda=0;
    scl=1;
    i2c_delay(DELAY_TIME);
    sda=1;
    i2c_delay(DELAY_TIME);
}


/**
*@brief IIC 发送一个字节的数据
*
*@param[in] byt- 待发送的字节
*@return none
*/
void i2c_sendbyte(unsigned char byt)
{
    unsigned char i;
    EA=0;
    for(i=0; i<8; i++){
        scl=0;
        i2c_delay(DELAY_TIME);
        if(byt & 0x80){
            sda=1;
        }
        else{
            sda=0;
        }
        i2c_delay(DELAY_TIME);
        scl=1;
        byt<<=1;
        i2c_delay(DELAY_TIME);
    }
     EA=1;
    scl=0;
}
```

```
/**
*@brief 等待应答
*
*@param[in] none
*@param[out] none
*@return none
*/
unsigned char i2c_waitack(void)
{
    unsigned char ackbit;
    scl=1;
    i2c_delay(DELAY_TIME);
    ackbit=sda;                    //while(sda);
    scl=0;
    i2c_delay(DELAY_TIME);
    return ackbit;
}


/**
*@brief IIC 接收一个字节数据
*
*@param[in] none
*@param[out] da
*@return da- 从 IIC 总线上接收到得数据
*/
unsigned char i2c_receivebyte(void)
{
    unsigned char da;
    unsigned char i;
    EA=0;
    for(i=0;i<8;i++){
        scl=1;
        i2c_delay(DELAY_TIME);
        da<<=1;
        if(sda)
        da|=0x01;
        scl=0;
        i2c_delay(DELAY_TIME);
    }
    EA=1;
    return da;
}


/**
*@brief 发送应答
*
```

```c
*@param[in] ackbit- 设定是否发送应答
*@return- none
*/
void i2c_sendack(unsigned char ackbit)
{
    scl=0;
    sda=ackbit;                        //0为发送应答信号;1为发送非应答信号
    i2c_delay(DELAY_TIME);
    scl=1;
    i2c_delay(DELAY_TIME);
    scl=0;
    sda=1;
    i2c_delay(DELAY_TIME);
}


/**
*@brief 读写操作过程中一些必要的延时
*
*@param[in] i- 指定延时时间
*@return-none
*/
void operate_delay(unsigned char t)
{
    unsigned char i;
    while(t--){
        for(i=0; i<112; i++);
    }
}


/**
*@brief 向 AT24C02(add)中写入数据 val
*
*@param[in] add-AT24C02 存储地址
*@param[in] val-待写入 AT24C02 相应地址的数据
*@return-none
*/
void write_eeprom(unsigned char add,unsigned char val)
{
    i2c_start();
    i2c_sendbyte(0xa0);
    i2c_waitack();
    i2c_sendbyte(add);
    i2c_waitack();
    i2c_sendbyte(val);
    i2c_waitack();
```

```c
        i2c_stop();
        operate_delay(10);
}


/**
*@brief 从 AT24C02(add)中读出数据 da
*
*@param[in] add- AT24C02 存储地址
*@param[out] da- 从 AT24C02 相应地址中读取到的数据
*@return- da
*/
unsigned char read_eeprom(unsigned char add)
{
    unsigned char da;
    i2c_start();
    i2c_sendbyte(0xa0);
    i2c_waitack();
    i2c_sendbyte(add);
    i2c_waitack();
    i2c_start();
    i2c_sendbyte(0xa1);
    i2c_waitack();
    da=i2c_receivebyte();
    i2c_sendack(0);
    i2c_stop();
    return da;
}


/*main.c*/
# include "reg52.h"                 //定义单片机特殊功能寄存器
# include "i2c.h"                    //IIC 总线驱动库
# include "absacc.h"
sfr AUXR=0x8E;
code unsigned char tab[]={ 0xc0,0xf9,0xa4,0xb0,0x99,0x92,0x82,0xf8,0x80,0x90,0xff};
unsigned char dspbuf[8]={10,10,10,10,10,10,10,10};          //显示缓冲区
unsigned char dspcom=0;
void display(void);


void cls_buzz()
{
    XBYTE[0xA000]=0;
}
void cls_led()
{
    XBYTE[0x8000]=0xFF;
```

```c
}

void delay()                              //10 ms@11.0592MHz
{
    unsigned char i, j;
    i=108;
    j=145;
    do
    {
        while (--j);
    }
    while (--i);
}

void main(void)
{
    unsigned char reset_cnt;              //开机次数存储 (最大存储值为 255)
    cls_buzz();cls_led();
    AUXR|=0x80;
    TMOD&=0xF0;
    TL0=0xCD;
    TH0=0xD4;
    TF0=0;
    TR0=1;
    ET0=1;
    // write_eeprom(0x00,0x00);           //EEPROM 中存储的数据需要进行初始化
    reset_cnt=read_eeprom(0x00);          //从 AT24C02 地址 0x00 中读取数据
    reset_cnt++;
    delay();                              //延时 10 ms
    write_eeprom(0x00,reset_cnt);         //向 AT24C02 地址 0x00 中写入数据
    delay();
    EA=1;                                 //数据写入完成后,开机中断
        (reset_cnt>=100)? (dspbuf[5]=reset_cnt/100):(dspbuf[5]=10);
                                          //更新显示数据
    (reset_cnt>=10)? (dspbuf[6]=reset_cnt%100/10):(dspbuf[6]=10);
    dspbuf[7]=reset_cnt%10;
    while(1);
}

void isr_timer_0(void)   interrupt 1      //定时器中断服务函数,默认中断优先级 1
{
    display();
}

void display(void)                        //显示函数
{
```

```
    XBYTE[0xE000]=0xff;                         //消影
    XBYTE[0xC000]=(1<<dspcom);
    XBYTE[0xE000]=tab[dspbuf[dspcom]];          //段码
    if(++dspcom=8) dspcom=0;
}
```

9.3 测量实时电压

◆ 9.3.1 功能

用电位器调节输出电压,PCF8591 获取输出电压后将模拟电压量转换为数字电压量;单片机控制数码管显示数字电压量。

◆ 9.3.2 目的

(1) 熟练掌握 IIC 总线通信基本特点和工作时序。
(2) 熟练掌握 STC15 单片机模拟 IIC 总线时序的程序设计方法。
(3) 掌握 PCF8591 ADC 芯片的操作方法。

◆ 9.3.3 程序说明

(1) 使用程序前,将跳线 J13 调整为 MM 模式。
(2) 主程序文件"pcf8591.c"中需 #include "absacc.h"。
(3) 调节电位器,观察数码管显示情况。

◆ 9.3.4 参考源代码

```c
/*i2c.h*/
# ifndef __I2C_H
# define __I2C_H
void i2c_delay(unsigned char i);
void i2c_start(void);
void i2c_stop(void);
void i2c_sendbyte(unsigned char byt);
unsigned char i2c_waitack(void);
unsigned char i2c_receivebyte(void);
void i2c_sendack(unsigned char ackbit);
void init_pcf8591(void);
unsigned char adc_pcf8591(void);
# endif
/*i2c.c*/
# include "reg52.h"
# include "intrins.h"
# define DELAY_TIME 5
sbit scl=P2^0;
sbit sda=P2^1;
```

```c
void i2c_delay(unsigned char i)
{
    do
    {
        _nop_();
    }
    while(i--);
}

void i2c_start(void)
{
    sda=1;
    scl=1;
    i2c_delay(DELAY_TIME);
    sda=0;
    i2c_delay(DELAY_TIME);
    scl=0;
}

void i2c_stop(void)
{
    sda=0;
    scl=1;
    i2c_delay(DELAY_TIME);
    sda=1;
    i2c_delay(DELAY_TIME);
}

void i2c_sendbyte(unsigned char byt)
{
    unsigned char i;
    EA=0;
    for(i=0; i<8; i++){
        scl=0;
        i2c_delay(DELAY_TIME);
        if(byt & 0x80){
            sda=1;
        }
        else{
            sda=0;
        }
        i2c_delay(DELAY_TIME);
        scl=1;
        byt<<=1;
        i2c_delay(DELAY_TIME);
```

```
    }
    EA=1;
    scl=0;
}

unsigned char i2c_waitack(void)
{
    unsigned char ackbit;
    scl=1;
    i2c_delay(DELAY_TIME);
    ackbit=sda;                         //while(sda);
    scl=0;
    i2c_delay(DELAY_TIME);
    return ackbit;
}

unsigned char i2c_receivebyte(void)
{
    unsigned char da;
    unsigned char i;
    EA=0;
    for(i=0;i<8;i++){
        scl=1;
        i2c_delay(DELAY_TIME);
        da<<=1;
        if(sda)
          da|=0x01;
          scl=0;
          i2c_delay(DELAY_TIME);
    }
    EA=1;
    return da;
}

void i2c_sendack(unsigned char ackbit)
{
    scl=0;
    sda=ackbit;                         //0 为发送应答信号;1 为发送非应答信号
    i2c_delay(DELAY_TIME);
    scl=1;
    i2c_delay(DELAY_TIME);
    scl=0;
    sda=1;
    i2c_delay(DELAY_TIME);
}
```

```c
void operate_delay(unsigned char t)
{
    unsigned char i;
    while(t--){
        for(i=0; i<112; i++);
    }
}


void init_pcf8591(void)
{
    i2c_start();
    i2c_sendbyte(0x90);
    i2c_waitack();
    i2c_sendbyte(0x03);                 //ADC 通道 3
    i2c_waitack();
    i2c_stop();
    operate_delay(10);
}


unsigned char adc_pcf8591(void)
{
    unsigned char temp;
    i2c_start();
    i2c_sendbyte(0x91);
    i2c_waitack();
    temp=i2c_receivebyte();
    i2c_sendack(1);
    i2c_stop();
    return temp;
}


/*pcf8591.c*/
# include "reg52.h"                     //定义单片机特殊功能寄存器
# include "i2c.h"                       //IIC 总线驱动库
# include "absacc.h"
sfr AUXR=0x8E;                          //IAP15F2K61S2 单片机特殊功能寄存器
code unsigned char tab[]={ 0xc0,0xf9,0xa4,0xb0,0x99,0x92,0x82,0xf8,0x80,0x90,0xff};
unsigned char dspbuf[8]={10,10,10,10,10,10,10,10};
                                        //显示缓冲区
unsigned char dspcom=0;
unsigned char intr;
bit adc_flag;
void display(void);


void cls_buzz()
{
```

```
        XBYTE[0xA000]=0;
}
void cls_led()
{
        XBYTE[0x8000]=0xFF;
}


void main(void)
{
    unsigned char adc_value;                    //ADC 转换数据
        cls_buzz();cls_led();
        P1&=0x7f;
        AUXR|=0x80;
        TMOD&=0xF0;
        TL0=0xCD;
        TH0=0xD4;
        TF0=0;
        TR0=1;
        ET0=1;
        EA=1;
        init_pcf8591();                         //PCF8591 初始化
        while(1)
        {
            if(adc_flag)
                {
                    adc_flag=0;                  //清除 ADC 扫描标志位
                    adc_value=adc_pcf8591();
                    (adc_value>=100)? (dspbuf[5]=adc_value/100):(dspbuf[5]=10);
                    (adc_value>=10)? (dspbuf[6]=adc_value%100/10):(dspbuf[6]=10);
                    dspbuf[7]=adc_value%10;      //更新显示数据
                }
        }
}


void isr_timer_0(void)   interrupt 1            //定时器中断服务函数,默认中断优先级 1
{
    if(++intr=50)
        {
                intr=0;
                adc_flag=1;
        }
    display();
}


void display(void)                              //显示函数
```

```
    {
        XBYTE[0xE000]=0xff;                              //消影
        XBYTE[0xC000]=(1<<dspcom);
        XBYTE[0xE000]=tab[dspbuf[dspcom]];               //段码
        if(++dspcom=8) dspcom=0;
    }
```

9.4　利用时钟芯片显示时间

◆ 9.4.1　功能

为时钟芯片 DS1302 设置初始时间,读取 DS1302 实时时间并由数码管显示出来。

◆ 9.4.2　目的

(1)掌握三线 SPI 总线通信基本特点和工作时序。
(2)掌握 STC15 单片机模拟三线 SPI 总线时序的程序设计方法。
(3)掌握 DS1302 芯片的操作方法。

◆ 9.4.3　程序说明

(1)通过数码管显示实时时间。
(2)DS1302 芯片片选引脚 RST、时钟线引脚 SCK、数据线引脚 I/O 分别与单片机 P1.3、P1.7、P2.3 引脚连接。
(3)显示时分秒的格式为××-××-××。
(4)数码管驱动函数采用 IO 方式编写,将跳线 J13 调整为 IO 模式。

◆ 9.4.4　参考源代码

```
/*ds1302.h*/
# ifndef __DS1302_H
# define __DS1302_H
void dsinit();
void dsget();
extern t[7];
void delay(unsigned char z);
void Write_Ds1302(unsigned char temp);
void Write_Ds1302_Byte(unsigned char address,unsigned char dat);
unsigned char Read_Ds1302_Byte(unsigned char address);
# endif

/*ds1302.c*/
# include <reg52.h>
# include <intrins.h>
unsigned char code str[]={0,40,8,18,2,4,19};t[7];
sbit SCK=P1^7;
```

```c
sbit SDA=P2^3;
sbit RST=P1^3;                          // DS1302复位
void delay(unsigned char z)             //延迟一毫秒
{
    unsigned char i,j;
    for(i=z;i>0;i--)
        for(j=110;j>0;j--);
}


void Write_Ds1302(unsigned char temp)
{
    unsigned char i;
    for (i=0;i<8;i++)
    {
        SCK=0;
        SDA=temp&0x01;
        temp>>=1;
        SCK=1;
    }
}


void Write_Ds1302_Byte(unsigned char address,unsigned char dat)
{
    RST=0;_nop_();
    SCK=0;_nop_();
    RST=1; _nop_();
    Write_Ds1302(address);
    Write_Ds1302((dat/10<<4)|(dat%10));
    RST=0;
}


unsigned char Read_Ds1302_Byte (unsigned char address)
{
    unsigned char i,temp=0x00;
    RST=0;_nop_();
    SCK=0;_nop_();
    RST=1;_nop_();
    Write_Ds1302(address);
    for (i=0;i<8;i++)
    {
        SCK=0;
        temp>>=1;
        if(SDA)
        temp|=0x80;
        SCK=1;
```

```
    }
    RST=0;_nop_();
    SCK=0;_nop_();
    SCK=1;_nop_();
    SDA=0;_nop_();
    SDA=1;_nop_();
    return (temp/16*10+temp%16);
}

void dsinit()
{
    unsigned char i,add;
    add=0x80;
    Write_Ds1302_Byte(0x8e,0x00);
    for(i=0;i<7;i++)
    {
        Write_Ds1302_Byte(add,str[i]);
        add+=2;
    }
    Write_Ds1302_Byte(0x8e,0x80);
}

void dsget()
{
    unsigned char i,add;
    add=0x81;
    Write_Ds1302_Byte(0x8e,0x00);
    for(i=0;i<7;i++)
    {
        t[i]=Read_Ds1302_Byte (add);
        add=add+2;
    }
    Write_Ds1302_Byte(0x8e,0x80);
}

/*main.c*/
# include <stc15.h>
# include "ds1302.h"
unsigned char code tab[]={0xc0,0xf9,0xa4,0xb0,0x99,0x92,0x82,0xf8,0x80,0x90,0xbf,
0xff};
unsigned char yi,er,san,si,wu,liu,qi,ba;
void allinit();
void display1(unsigned char yi,unsigned char er);
void display2(unsigned char san,unsigned char si);
void display3(unsigned char wu,unsigned char liu);
```

```
void display4(unsigned char qi,unsigned char ba);

void main(){
    allinit();
    dsinit();
    while(1)
    {
        dsget();
        yi=t[2]/10;er=t[2]%10;san=10;si=t[1]/10;
        wu=t[1]%10;liu=10;qi=t[0]/10;ba=t[0]%10;
        display1(yi,er);
        display2(san,si);
        display3(wu,liu);
        display4(qi,ba);
    }
}
void display1(unsigned char yi,unsigned char er)
{
    P2=0XC0;
    P0=0X01;
    P2=0XFF;
    P0=tab[yi];
    delay(5);

    P2=0XC0;
    P0=0X02;
    P2=0XFF;
    P0=tab[er];
    delay(5);
}
void display2(unsigned char san,unsigned char si)
{
    P2=0XC0;
    P0=0X04;
    P2=0XFF;
    P0=tab[san];
    delay(5);

    P2=0XC0;
    P0=0X08;
    P2=0XFF;
    P0=tab[si];
    delay(5);
}
```

```
void display3(unsigned char wu,unsigned char liu)
{
    P2=0XC0;
    P0=0X10;
    P2=0XFF;
    P0=tab[wu];
    delay(5);

    P2=0XC0;
    P0=0X20;
    P2=0XFF;
    P0=tab[liu];
    delay(5);
}

void display4(unsigned char qi,unsigned char ba)
{
    P2=0XC0;
    P0=0X40;
    P2=0XFF;
    P0=tab[qi];
    delay(5);
    P2=0XC0;
    P0=0X80;
    P2=0XFF;
    P0=tab[ba];
    delay(5);
}

void allinit()
{
    P2=0X80;
    P0=0XFE;
    P2=0XC0;
    P0=0XFF;
    P2=0XFF;
    P0=0XFF;
    P2=0XA0;
    P0=0X00;
}
```

第10章 模拟智能灌溉系统

10.1 功能描述

　　要求设计出的模拟智能灌溉系统能够实现土壤湿度测量、土壤湿度和时间显示、湿度阈值设定及存储等基本功能:通过电位器 $Rb2$ 输出电压信号,模拟湿度传感器输出信号,再通过 ADC 采集完成湿度测量;通过 DS1302 芯片提供时间信息;通过按键完成灌溉系统控制和湿度阈值调整功能,通过 LED 完成系统工作状态指示功能。系统硬件部分主要由单片机控制电路、数码管显示单元、ADC 采集单元、RTC(实时时钟)单元、EEPROM 存储单元、继电器控制电路及报警输出单元等组成,如图 10-1 所示。

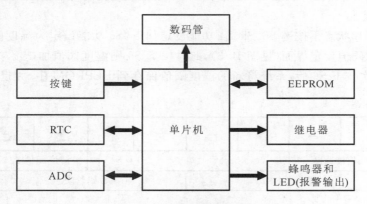

图 10-1　模拟智能灌溉系统组成

10.2 设计要求

◆　10.2.1　系统工作及初始化状态说明

　　(1) 自动工作状态,根据湿度数据自动控制(打开或关闭)灌溉设备,以 L1 点亮指示。

　　(2) 手动工作状态,通过按键控制(打开或关闭)灌溉设备,以 L2 点亮指示。

　　(3) 系统上电后处于自动工作状态,系统初始湿度阈值为 50%,若湿度低于 50%,灌溉设备自动打开;达到 50% 后,灌溉设备自动关闭。

　　(4) 灌溉设备打开或关闭通过继电器工作状态进行模拟。

10.2.2　数码管显示单元

时间及湿度数据显示格式（以 8 时 30 分、土壤湿度 5％为例）如图 10-2 所示。

时(8时)	分隔符	分(30分)	熄灭	湿度(5%)
0 8	-	3 0	8	0 5
数码管DS1		数码管DS2		

图 10-2　时间及湿度数据显示格式

10.2.3　报警输出单元

模拟智能灌溉系统在手动工作状态下时，若当前湿度低于湿度阈值，蜂鸣器发出提示音，并可通过按键 S6 关闭提醒功能。

10.2.4　功能按键

（1）按键 S7 设定为系统工作状态切换按键。

（2）手动工作状态下按键 S6、S5、S4 功能设定如下：① 按下 S6 关闭蜂鸣器提醒功能，再次按下 S6 打开蜂鸣器提醒功能，如此循环；② S5 功能设定为打开灌溉系统；③ S4 功能设定为关闭灌溉系统。

（3）自动工作状态下按键 S6、S5、S4 功能设定如下：S6 功能设定为湿度阈值调整，按下 S6 后，进入湿度阈值设定界面（见图 10-3），此时按下 S5 则湿度阈值加 1％，按下 S4 则湿度阈值减 1％；再次按下 S6 后，系统将新的湿度阈值保存到 EEPROM 中，并退出湿度阈值设定界面。

湿度阈值设置提示符	熄灭			湿度阈值(52%)
- -	8 8	8 8		5 2
数码管DS1		数码管DS2		

图 10-3　湿度阈值设定界面

10.2.5　实时时钟单元

模拟智能灌溉系统通过读取 DS1302 时钟芯片相关寄存器获得时间数据，DS1302 芯片时、分、秒寄存器在程序中设定为：系统进行初始化设定，初始化时间为 8 时 30 分。

10.2.6　湿度检测单元

以电位器 $Rb2$ 输出电压信号模拟湿度传感器输出信号，且假定电压信号与湿度成正比例关系，即 $H = KU_{Rb2}$（H、U_{Rb2} 分别为湿度、电压信号，K 为常数），$Rb2$ 电压输出为 5 V 时对应湿度为 99％。

10.2.7　EEPROM 存储单元

模拟智能灌溉系统通过 EEPROM 存储湿度阈值，在自动工作状态下，可通过按键 S6、

S5、S4 设置和保存阈值信息。

10.3 参考程序及解析

```c
/*deputy.h*/
# ifndef __DEPUTY_H__
# define __DEPUTY_H__
# define uchar unsigned char
# define uint unsigned int
# define somenop {_nop_();_nop_();_nop_();_nop_();_nop_();}
# define SlaveAddrW 0xA0
# define SlaveAddrR 0xA1
# define RST_CLRRST=0    /*电平置低*/
# define RST_SETRST=1    /*电平置高*/
/*双向数据*/
# define SDA_CLRSD=0     /*电平置低*/
# define SDA_SETSD=1     /*电平置高*/
# define SDA_RSD/*电平读取*/
/*时钟信号*/
# define SCK_CLRSCK=0    /*时钟信号*/
# define SCK_SETSCK=1    /*电平置高*/
sbit SDA=P2^1;
sbit SCL=P2^0;
sbit SCK=P1^7;
sbit SD=P2^3;
sbit RST=P1^3;
extern uchar yi,er,san,si,wu,liu,qi,ba;
void delay(uchar z);
void keyscan();
void IIC_Start(void);
void IIC_Stop(void);
void IIC_Ack(unsigned char ackbit);
void IIC_SendByte(unsigned char byt);
bit IIC_WaitAck(void);
unsigned char IIC_RecByte(void);
uchar ADRead(uchar add);
void dsinit();
void dsget();
extern shijian[7];
void IIWrite(uchar date);
uchar IIRead(uchar add);
# endif


/*deputy.c*/
```

```c
# include <reg52.h>
# include <deputy.h>
# include <intrins.h>
uchar code str[]={0,30,8,18,2,4,16};
shijian[7];
void delay(uchar z)                    //延迟 1 ms
{
    uchar i,j;
    for(i=z;i>0;i--)
        for(j=110;j>0;j--);
}


/**********************************A/D转换驱动程序*********************************/
void IIC_Start(void)                   //总线启动条件
{
    SDA=1;
    SCL=1;
    somenop;
    SDA=0;
    somenop;
    SCL=0;
}


void IIC_Stop(void)                    //总线停止条件
{
    SDA=0;
    SCL=1;
    somenop;
    SDA=1;
}


bit IIC_WaitAck(void)                  //等待应答
{
    SDA=1;
    somenop;
    SCL=1;
    somenop;
    if(SDA)
    {
        SCL=0;
        IIC_Stop();
        return 0;
    }
```

```
        else
        {
            SCL=0;
            return 1;
        }
    }


void IIC_SendByte(unsigned char byt)        //通过 IIC 总线发送数据
{
    unsigned char i;
    for(i=0;i<8;i++)
    {
        if(byt&0x80)
        {
            SDA=1;
        }
        else
        {
            SDA=0;
        }
        somenop;
        SCL=1;
        byt<<=1;
        somenop;
        SCL=0;
    }
}


unsigned char IIC_RecByte(void)             //从 IIC 总线上接收数据
{
    unsigned char da;
    unsigned char i;

    for(i=0;i<8;i++)
    {
        SCL=1;
        somenop;
        da<<=1;
        if(SDA)
        da|=0x01;
        SCL=0;
        somenop;
    }
    return da;
}
```

```c
uchar ADRead(uchar add)
{
    uchar date;
    IIC_Start();
    IIC_SendByte(0x90);
    IIC_WaitAck();
    IIC_SendByte(add);
    IIC_WaitAck();

    IIC_Start();
    IIC_SendByte(0x91);
    IIC_WaitAck();
    date=IIC_RecByte();
    IIC_Stop();
    date=0.39*date;
    return date;
}

void  IIWrite(uchar date)
{
    IIC_Start();
    IIC_SendByte(0xa0);
    IIC_WaitAck();
    IIC_SendByte(0X10);
    IIC_WaitAck();
    IIC_SendByte(date);
    IIC_WaitAck();
    IIC_Stop();
}

uchar IIRead(uchar add)
{
    uchar date;
    IIC_Start();
    IIC_SendByte(0xa0);
    IIC_WaitAck();
    IIC_SendByte(add);
    IIC_WaitAck();
    IIC_Start();
    IIC_SendByte(0xa1);
    IIC_WaitAck();
    date=IIC_RecByte();
    IIC_Stop();
    return date;
}
```

```
/******************************时间驱动程序******************************/
void Write_Ds1302_Byte(unsigned char dat)
{
    unsigned char i;
    SCK=0;
    for (i=0;i<8;i++)
    {
        SDA_CLR;
        if (dat&0x01)                   // 等同于 if((addr&0x01)==1)
        {
            SDA_SET;                    //# define SDA_SET SDA=1   /*电平置高*/
        }
        else
        {
            SDA_CLR;                    //# define SDA_CLR SDA=0   /*电平置低*/
        }
        SCK_SET;
        SCK_CLR;
        dat=dat>>1;
    }
}


/******************************************************************/
/*单字节读出 1 字节数据*/
unsigned char Read_Ds1302_Byte(void)
{
    unsigned char i, dat=0;
    for (i=0;i<8;i++)
    {
        dat=dat>>1;
        if (SDA_R)                      //等同于 if(SDA_R==1)   # define SDA_R SDA
                                          /*电平读取*/
        {
            dat|=0x80;
        }
        else
        {
            dat&=0x7F;
        }
        SCK_SET;
        SCK_CLR;
    }
    return dat;
}
```

```
/*******************************************************************/
/*向 DS1302 单字节写入 1 字节数据*/
void Ds1302_Single_Byte_Write(unsigned char addr, unsigned char dat)
{
    RST_CLR;   /*RST 脚电平置低,实现 DS1302 的初始化*/
    SCK_CLR;   /*SCK 脚电平置低,实现 DS1302 的初始化*/
    RST_SET;   /*启动 DS1302 总线,RST=1,电平置高*/
    addr=addr&0xFE;
    Write_Ds1302_Byte(addr);   /*写入目标地址 addr,保证是写操作,写之前将最低位置零*/
    Write_Ds1302_Byte((dat/10<<4)|(dat% 10));   /*写入数据 dat*/
    RST_CLR;   /*停止 DS1302 总线*/
}


/*******************************************************************/
/*从 DS1302 中读出 1 字节数据*/
unsigned char Ds1302_Single_Byte_Read(unsigned char addr)
{
    unsigned char temp,dat1,dat2;
    RST_CLR;   /*RST 脚电平置低,实现 DS1302 的初始化*/
    SCK_CLR;   /*SCK 脚电平置低,实现 DS1302 的初始化*/
    RST_SET;   /*启动 DS1302 总线,RST=1,电平置高*/
    addr=addr|0x01;
    Write_Ds1302_Byte(addr);   /*写入目标地址 addr,保证是读操作,写之前将最低位置高*/
    temp=Read_Ds1302_Byte();   /*从 DS1302 中读出 1 字节数据*/
    RST_CLR;   /*停止 DS1302 总线*/
    dat1=temp/16;
    dat2=temp%16;
    temp=dat1*10+dat2;
    return temp;
}

void dsinit()
{
    uchar i,add;
    add=0x80;
    Ds1302_Single_Byte_Write(0x8e,0x00);
    for(i=0;i<7;i++)
    {
        Ds1302_Single_Byte_Write(add,str[i]);
        add=add+2;
    }
    Ds1302_Single_Byte_Write(0x8e,0x80);
}
void dsget()
{
```

```
    uchar i,add;
    add=0x81;
    Ds1302_Single_Byte_Write(0x8e,0x00);
    for(i=0;i<7;i++)
    {
        shijian[i]=Ds1302_Single_Byte_Read(add);
        add=add+2;
    }
    Ds1302_Single_Byte_Write(0x8e,0x80);
}


/*main.c*/
# include<reg52.h>
# include<deputy.h>
sbit wr=P3^6;
sbit s7=P3^0;
sbit s6=P3^1;
sbit s5=P3^2;
sbit s4=P3^3;
uchar code tab[]={0xc0,0xf9,0xa4,0xb0,0x99,0x92,0x82,0xf8,0x80,0x90,0xbf,0xff};
uchar yi,er,san,si,wu,liu,qi,ba;
uchar ss7,ss6,jia,jian,kai;
uchar yuzhi=50;
void keyscan();
void allinit();
void display1(uchar yi,uchar er);
void display2(uchar san,uchar si);
void display3(uchar wu,uchar liu);
void display4(uchar qi,uchar ba);
void main()
{
    uchar shidu;
    allinit();
    dsinit();
    yuzhi=IIRead(0x10);
    while(1)
    {
        keyscan();
        shidu=ADRead(0x03);
        dsget();
        if(ss7==1)
        {
            P2=0X80;P0=0XFD;
            qi=shidu/10;ba=shidu%10;
```

```c
yi=shijian[2]/10;er=shijian[2]%10;san=10;si=shijian[1]/10;wu=shijian[1]%10;liu=11;
        if((shidu<yuzhi)&&(ss6==1))
        {
            if(kai==1)
            {
                P2=0XA0;P0=0X10;
            }
            else
            {
                P2=0XA0;P0=0X00;
            }
        }
        else if((shidu<yuzhi)&&(ss6==0))
        {
            if(kai==1)
            {
                P2=0XA0;P0=0X50;
            }
            else
            {
                P2=0XA0;P0=0X40;
            }
        }
        else if(shidu>yuzhi)
        {
            if(kai==1)
            {
                P2=0XA0;P0=0X10;
            }
            else
            {
                P2=0XA0;P0=0X00;
            }
        }
    }
    else if(ss7==0)
    {
        P2=0X80;P0=0XFE;
        if(ss6==1)
        {
            if(jia==1)
            {
                yuzhi=yuzhi+1;
                jia=0;
```

```
                    }
                    if(jian==1)
                    {
                        yuzhi=yuzhi-1;
                        jian=0;
                    }
                    yi=10;er=10;san=11;si=11;wu=11;liu=11;qi=yuzhi/10;ba=yuzhi%10;
                }
                else
                {
                    qi=shidu/10;ba=shidu%10;
yi=shijian[2]/10;er=shijian[2]%10;san=10;si=shijian[1]/10;wu=shijian[1]%10;liu=11;
                }

                if(shidu<yuzhi)
                {
                    P2=0XA0;P0=0X10;
                }
                else
                {
                    P2=0XA0;P0=0X00;
                }
            }
        display1(yi,er);
        display2(san,si);
        display3(wu,liu);
        display4(qi,ba);
    }
}


void keyscan()
{
    if(s7==0)
    {
        delay(5);
        if(s7==0)
        {
            if(ss7==0)    ss7=1;
            else ss7=0;
        }
        while(!s7);
    }
    else if(s6==0)
```

```
    {
        delay(5);
        if(s6==0)
        {
            if(ss6==0)
            {
                ss6=1;
            }
            else
            {
                ss6=0;
                IIWrite(yuzhi);
            }
        }
        while(!s6);
    }
    else if(s5==0)
    {
        delay(5);
        if(s5==0)
        {
            kai=0;jia=1;
        }
        while(!s5);
    }
    else if(s4==0)
    {
        delay(5);
        if(s4==0)
        {
            kai=1;jian=1;
        }
        while(!s4);
    }
}

void display1(uchar yi,uchar er)
{
    P2=0XC0;
    P0=0X01;
    P2=0XFF;
    P0=tab[yi];
    delay(5);
    P2=0XC0;
    P0=0X02;
```

```
    P2=0XFF;
    P0=tab[er];
    delay(5);
}

void display2(uchar san,uchar si)
{
    P2=0XC0;
    P0=0X04;
    P2=0XFF;
    P0=tab[san];
    delay(5);
    P2=0XC0;
    P0=0X08;
    P2=0XFF;
    P0=tab[si];
    delay(5);
}

void display3(uchar wu,uchar liu)
{
    P2=0XC0;
    P0=0X10;
    P2=0XFF;
    P0=tab[wu];
    delay(5);
    P2=0XC0;
    P0=0X20;
    P2=0XFF;
    P0=tab[liu];
    delay(5);
}

void display4(uchar qi,uchar ba)
{
    P2=0XC0;
    P0=0X40;
    P2=0XFF;
    P0=tab[qi];
    delay(5);
    P2=0XC0;
    P0=0X80;
    P2=0XFF;
    P0=tab[ba];
    delay(5);
```

```
    }

    void allinit()
    {
        P2=0X80;
        P0=0XFE;
        P2=0XC0;
        P0=0XFF;
        P2=0XFF;
        P0=0XFF;
        P2=0XA0;
        P0=0X00;
    }
```

第11章 温度采集与控制装置

11.1 功能描述

模拟温度采集与控制装置用于实现温度的实时监测与控制：单片机采集 DS18B20 温度传感器的输出信号，并送到数码管进行显示；通过传感器得到的温度数据将与用户设定的温度上限、下限做比较，再由单片机启动控制或报警电路。系统硬件部分主要由单片机最小系统、数码管显示单元、DS18B20 温度传感器、矩阵键盘等模块组成，如图 11-1 所示。

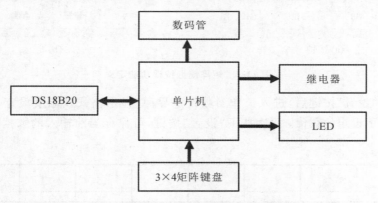

图 11-1　温度采集与控制装置系统组成

11.2 设计要求

◆ 11.2.1 温度检测

温度检测采用 DS18B20 温度传感器，数据经过单片机处理后，与用户设定的温度上限（T_{max}）和温度下限（T_{min}）比较，确定当前温度所处的区间。数码管温度显示格式如图 11-2 所示。

-	I	-	8	8	8	2	8
温度区间显示($T_{min} \leqslant T \leqslant T_{max}$)			不使用，熄灭			当前温度(28 ℃)	

图 11-2　温度显示格式

关于温度区间的说明：

（1）温度区间 0：当前温度 $<T_{min}$。

（2）温度区间 1：$T_{min} \leqslant$ 当前温度 $\leqslant T_{max}$。

（3）温度区间 2：当前温度 $>T_{max}$。

（4）可设定的最大温度区间：$0 \sim 99$ ℃。

◆ 11.2.2　用户输入——3×4 矩阵键盘

用户通过矩阵键盘设定系统的工作参数，各个按键的功能定义如图 11-3 所示。

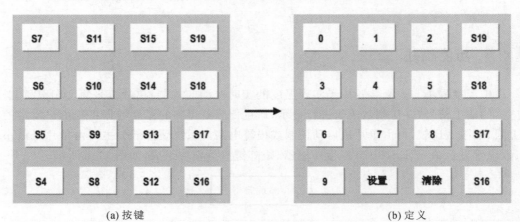

　　(a) 按键　　　　　　　　　　　　　　　(b) 定义

图 11-3　矩阵键盘按键功能定义

用户按下"设置"按键后，进入工作参数设定界面（显示格式及温度设定界面如图 11-4 所示），依次按下设定的数值，再次按下"设置"按键，可保存当前输入的数据并退出工作参数设定界面。

-	8	8	8	8	-	8	8
分隔符	温度上限(T_{max})		不使用，熄灭		分隔符	温度下限(T_{min})	

图 11-4　数码管显示格式及温度设定界面

以设定 T_{max} 为 35 ℃、T_{min} 为 25 ℃为例说明参数设定过程：按下"设置"按键，然后依次按下数字按键"3""5""2""5"，数码管显示格式如图 11-5 所示，再次按下"设置"按键，完成参数设定并退出参数设定界面。在输入过程中，按下"清除"按键，将清除当前输入的数据。若设定工作参数错误，如 $T_{max} < T_{min}$，L2 长亮，修正错误参数并保存正确参数后，L2 熄灭。

-	3	5	8	8	-	2	5
分隔符	温度上限(T_{max})		不使用，熄灭		分隔符	温度下限(T_{min})	

图 11-5　数码管显示格式

◆ 11.2.3　执行机构

执行机构由指示灯 L1 和继电器组成，用于报警和连接外部高低温执行机构。

（1）实时温度处在温度区间 0，继电器关闭，指示灯 L1 以 0.8 s 为间隔闪烁；

（2）实时温度处在温度区间 1，继电器关闭，指示灯 L1 以 0.4 s 为间隔闪烁；

（3）实时温度处在温度区间 2，继电器打开，指示灯 L1 以 0.2 s 为间隔闪烁。

◆ 11.2.4　初始化状态说明

系统默认的温度上限（T_{max}）为 30 ℃，温度下限（T_{min}）为 20 ℃，可以通过矩阵键盘进行修改。

11.3　参考程序及解析

```c
/*onewire.h*/
# ifndef _ONEWIRE_H
# define _ONEWIRE_H
# include "reg52.h"
# define OW_SKIP_ROM 0xcc
# define DS18B20_CONVERT 0x44
# define DS18B20_READ 0xbe
sbit DQ=P1^4;                              //IC 引脚定义
void Delay_OneWire(unsigned int t);        //函数声明
void Write_DS18B20(unsigned char dat);
bit Init_DS18B20(void);
unsigned char Read_DS18B20(void);
# endif


/*onewire.c*/
# include "onewire.h"

void Delay_OneWire(unsigned int t)         //单总线延时函数
{
    unsigned char i;
    while(t--)
    {
        for(i=0;i<12;i++);
    }
}

bit Init_DS18B20(void)                     //DS18B20 芯片初始化
{
    bit initflag=0;
    DQ=1;
    Delay_OneWire(12);
    DQ=0;
    Delay_OneWire(80);
    DQ=1;
    Delay_OneWire(10);
```

```c
        initflag=DQ;
        Delay_OneWire(5);
        return initflag;
    }

    void Write_DS18B20(unsigned char dat)        //通过单总线向 DS18B20 写 1 字节数据
    {
        unsigned char i;
        for(i=0;i<8;i++)
        {
            DQ=0;
            DQ=dat&0x01;
            Delay_OneWire(5);
            DQ=1;
            dat>>=1;
        }
        Delay_OneWire(5);
    }


    unsigned char Read_DS18B20(void)              //从 DS18B20 读取 1 字节数据
    {
        unsigned char i;
        unsigned char dat;

        for(i=0;i<8;i++)
        {
            DQ=0;
            dat>>=1;
            DQ=1;
            if(DQ)
            {
                dat|=0x80;
            }
            Delay_OneWire(5);
        }
        return dat;
    }

    /*main.c*/
    # include "reg52.h"
    # include "onewire.h"
    sfr P4=0xc0;
    sbit S1=P3^0;
    sbit S2=P3^1;
    sbit S3=P3^2;
```

```c
sbit S4=P3^3;
sbit C4=P3^4;
sbit C3=P3^5;
sbit C2=P4^2;
sbit C1=P4^4;
sbit L1=P0^0;
sbit L2=P0^1;
unsigned char code t_display[]= {     //标准字库
    0x3F,0x06,0x5B,0x4F,0x66,0x6D,0x7D,0x07,0x7F,0x6F,0x39,0x40};


unsigned char i=20,j;                 //i 接收按键返回值;j 保证每次按下只记录一次
unsigned char max=30,min=20;          //温度的上下限
unsigned char flag;                   //0、1、2 分别表示区间 0、1、2
unsigned char temp;                   //当前温度
unsigned char k;                      //动态扫描数码管的变量
unsigned char m;                      //数码管显示切换变量,0 表示温度显示,1 设置显示
unsigned char t1=20,t2=20,t3=20,t4=20;
                                      //t1 和 t2 设置温度上限的十位和个位,t3 和 t4 设置温度
                                      //  下限的十位和个位
unsigned char n;                      //温度上下限设置的切换变量
unsigned char p;                      //标识上下限设置大小,如果下限大于上限,为 1,正常为 0;
unsigned int t;                       //存储 LED 闪烁频率的变量,为 800 ms、400 ms、200 ms
unsigned int tt;                      //控制 LED 闪烁的变量,<t/2 时,L1 亮;为 t/2~t 时,L1 灭

int scan(void);
void Delay(unsigned int t)            //延时函数
{
    unsigned char i;
    while(t--)
    {
        for(i=0;i<12;i++);
    }
}

void hc138(unsigned char i)
{
    switch(i)
    {
        case 4:
            P2=(P2&0x1f)|0x80;
            break;
        case 5:
            P2=(P2&0x1f)|0xa0;
            break;
        case 6:
```

```
                P2=(P2&0x1f)|0xc0;
            break;
        case 7:
                P2=(P2&0x1f)|0xe0;
            break;
    }
}


void show_smg(unsigned char i, unsigned char dat)        //一个数码管的显示
{
    hc138(6);
    P0=0x01<<i;
    hc138(7);
    P0=~t_display[dat];
}


void show_temper(unsigned char i)                        //数码管的温度显示
{
    switch(i)
    {
        case 0:
            show_smg(0,11);
            break;
        case 1:
            show_smg(1,flag);
            break;
        case 2:
            show_smg(2,11);
            break;
        case 6:
            show_smg(6,temp/10);
            break;
        case 7:
            show_smg(7,temp%10);
            break;
    }
}


void show_set(unsigned char i)                           //数码管的设置显示
{
    switch(i)
    {
        case 0:
            show_smg(0,11);
            break;
```

```
            case 1:
                if(t1<10)
                {
                    show_smg(1,t1);
                    break;
                }
            case 2:
                if(t2<10)
                {
                    show_smg(2,t2);
                    break;
                }
            case 5:
                show_smg(5,11);
                break;
            case 6:
                if(t3<10)
                {
                    show_smg(6,t3);
                    break;
                }
            case 7:
                if(t4<10)
                {
                    show_smg(7,t4);
                    break;
                }
        }
}


void rd_temperature(void)          //DS18B20温度采集程序,采集结果为整数
{
    unsigned char low,high;

    Init_DS18B20();
    Write_DS18B20(0xCC);
    Write_DS18B20(0x44);           //启动温度转换
    Delay_OneWire(200);

    Init_DS18B20();
    Write_DS18B20(0xCC);
    Write_DS18B20(0xBE);           //读取寄存器

    low=Read_DS18B20();            //低字节
    high=Read_DS18B20();           //高字节
```

```
        temp=high<<4;
        temp|=(low>>4);
    }

    void init_timer0()                      //定时器 0 初始化
    {
        TMOD=0x01;
        TH0=(65535-110592/120)/256;
        TL0=(65535-110592/120)%256;
        EA=1;
        ET0=1;
        TR0=1;
    }

    void intertimer0() interrupt 1          //定时器 0 中断函数,1 ms
    {
        TH0=(65535-110592/120)/256;
        TL0=(65535-110592/120)%256;
        if(m==0)                            //温度显示模式
        {
            show_temper(k);
        }
        else if(m==1)                       //设置显示模式
        {
            show_set(k);
        }
        P2=0x1f;
        P0=0xff;
        hc138(4);
        if(tt<t/2)                          //L1 闪烁
        {
            L1=0;
        }
        else
        {
            L1=1;
        }

        if(p==1)                            //L2 亮灭
        {
            L2=0;
        }
        else
        {
            L2=1;
```

```
        }
        tt++;
        if(tt>=t)
        {
            tt=0;
        }

        P2=0x1f;
        P0=P0&0xaf;

        k++;
        if(k>=8)
        {
            k=0;
        }
    }


void main()
{
    init_timer0();
    hc138(4);
    P0=0xff;
    while(1)
    {
        i=scan();                    //按键扫描
        if(i==20)
        {
            j=1;                     //保证每次按下有效次数为 1
        }
        if(j==1&&i!=20)              //保证按键是在弹起的状态下按下的,防止多次记录
        {
            j=0;
            if(i==10)
            {
                if(m==0)            //显示模式切换到设置模式
                {
                    m=1;
                }
                else if(m==1)       //设置模式切换到显示模式
                {
                    m=0;
                }
            }
            if(m==1&&i!=10)         //在设置模式下,非设置按键按下
```

```
{
    if(i!=11)              //非清除按键
    {
        n++;
    }
    if(n==1)               //依次操作 t1,t2,t3,t4
    {
        if(i!=11)
        {
            t1=i;
        }
        else
        {
            n--;           //在 t1 时,按下清除键
            t1=20;
        }
    }
    else if(n==2)
    {
        if(i!=11)
        {
            t2=i;
        }
        else
        {
            n--;
            t2=20;
        }
    }
    else if(n==3)
    {
        if(i!=11)
        {
            t3=i;
        }
        else
        {
            n--;
            t3=20;
        }
    }
    else if(n==4)
    {
        if(i!=11)
        {
```

```
                    t4=i;
                }
                else
                {
                    n--;
                    t4=20;
                }
            }
            else
            {
                if(n>4)                         //设置的边界处理
                {
                    n=4;
                }
                else if(n<=0)
                {
                    n=0;
                }
            }
        }
        else if(i==10&&m==0)                    //从设置模式切换到温度显示模式
        {
            n=0;
            if(t1!=20&&t2!=20&&t3!=20&&t4!=20)
            {
                max=t1*10+t2;
                min=t3*10+t4;
            }
            t1=t2=t3=t4=20;
        }
    }

    if(min>max)                                 //两种显示模式的切换
    {
        p=1;
    }
    else
    {
        p=0;
    }

    if(temp<min)                                //三种温度区间的操作
    {
        flag=0;
        t=800;
```

```c
            hc138(5);
            P0=P0&0xef;
        }
        else if(temp>=min&&temp<=max)
        {
            flag=1;
            t=400;
            hc138(5);
            P0=P0&0xef;
        }
        else if(temp>max)
        {
            flag=2;
            t=200;
            hc138(5);
            P0=P0|0x10;
        }
        rd_temperature();
    }
}

int scan(void)
{
    S1=0;
    S2=S3=S4=1;
    C1=C2=C3=1;
    if(C1==0)
    {
        Delay(100);
        if(C1==0)
        {
            return 0;
        }
    }
    else if(C2==0)
    {
        Delay(100);
        if(C2==0)
        {
            return 1;
        }
    }
    else if(C3==0)
    {
        Delay(100);
```

```
        if(C3==0)
        {
            return 2;
        }
    }
    S2=0;
    S1=S3=S4=1;
    C1=C2=C3=1;
    if(C1==0)
    {
        Delay(100);
        if(C1==0)
        {
            return 3;
        }
    }
    else if(C2==0)
    {
        Delay(100);
        if(C2==0)
        {
            return 4;
        }
    }
    else if(C3==0)
    {
        Delay(100);
        if(C3==0)
        {
            return 5;
        }
    }
    S3=0;
    S2=S1=S4=1;
    C1=C2=C3=1;
    if(C1==0)
    {
        Delay(100);
        if(C1==0)
        {
            return 6;
        }
    }
    else if(C2==0)
    {
```

```
            Delay(100);
            if(C2==0)
            {
                return 7;
            }
        }
        else if(C3==0)
        {
            Delay(100);
            if(C3==0)
            {
                return 8;
            }
        }
        S4=0;
        S2=S3=S1=1;
        C1=C2=C3=1;
        if(C1==0)
        {
            Delay(100);
            if(C1==0)
            {
                return 9;
            }
        }
        else if(C2==0)
        {
            Delay(100);
            if(C2==0)
            {
                return 10;               //设置键
            }
        }
        else if(C3==0)
        {
            Delay(100);
            if(C3==0)
            {
                return 11;               //清除
            }
        }
        return 20;                       //没有按键按下
    }
```

第12章 温度记录器

12.1 功能描述

设备按照用户通过按键设定的时间间隔自动采集并存储温度数据,具有采集完成提醒、数码管显示等功能,系统硬件部分主要由按键电路、电源供电电路、RTC 单元、传感器电路和数码管显示单元等组成,如图 12-1 所示。

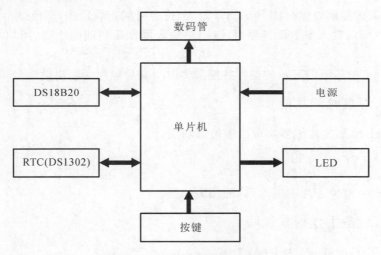

图 12-1　温度记录器系统组成

12.2 设计要求

◆ 12.2.1　数码管显示

(1) 设备上电后,自动进入参数设置界面(参数格式如图 12-2 所示)。此时,通过按键 S4 切换 4 个温度采集间隔时间,分别为 1 s、5 s、30 s 和 60 s。

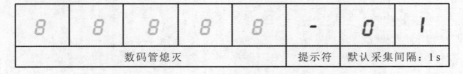

8	8	8	8	8	-	0	1
数码管熄灭					提示符	默认采集间隔:1 s	

图 12-2　参数设置界面及格式(上电默认)

按下按键 S5,确认采集间隔时间,并退出参数设置界面,进入时钟显示(格式如图 12-3 所示)界面并开始采集温度。

要求:处于时钟显示界面时,提示符 1、提示符 2 以 1 s 为间隔闪烁。

0	0	-	0	0	-	1	0
0时		提示符1	0分		提示符2	10秒	

图 12-3　时钟显示格式

(2)当设备按照用户设定的采集间隔采集到 10 个数据后,指示灯 L1 闪烁,提示本次温度采集已经完成,然后进入数码管温度采集显示(格式如图 12-4 所示)界面。

-	0	0	8	8	-	2	4
提示符1	索引：00		数码管熄灭		提示符2	采集温度：24 ℃	

图 12-4　温度采集显示格式

处于温度采集显示界面时按下 S6,L1 熄灭,按照时间先后顺序,切换显示设备内存储的温度数据;按下 S7,进入参数设置界面,待用户输入温度采集间隔之后,可以再一次进行温度采集工作。

说明:索引指的是当前显示的温度按照采集时间先后顺序所给出的编号(00～09)。

◆ **12.2.2　温度检测功能**

使用 DS18B20 温度传感器实现温度检测功能。

◆ **12.2.3　RTC**

使用 DS1302 时钟芯片实现 RTC 的相关功能。

◆ **12.2.4　设备工作模式说明**

(1)默认 RTC 时间:23 时 59 分 50 秒。
(2)默认温度数据采集间隔为 1 s。
(3)设备处在不同的显示界面下,与该界面无关的按键操作无效。
(4)温度数据最大存储容量:10 个。

12.3　参考程序及解析

```
/*deputy.h*/
# ifndef __DEPUTY_H__
# define __DEPUTY_H__
# define uchar unsigned char
# define uint unsigned int
extern uchar yi,er,san,si,wu,liu,qi,ba;
extern shijian[7];
void delay(uchar z);
```

```
void Write_Ds1302_Byte(unsigned char temp);
void Write_Ds1302(unsigned char address,unsigned char dat);
unsigned char Read_Ds1302 (unsigned char address);
void dsinit();
void dsget();
void Delay_OneWire(unsigned int t);          //单总线延时函数
void Write_DS18B20(unsigned char dat);
unsigned char Read_DS18B20(void);
bit init_ds18b20(void);
uchar temget();
# endif

/*deputy.c*/
# include <STC15F2K60S2.H>
# include <deputy.h>
# include <intrins.h>
sbit SCK=P1^7;
sbit SDA=P2^3;
sbit RST=P1^3;                               // DS1302 复位
sbit DQ=P1^4;                                //单总线接口
uchar code str[]={50,59,23,18,2,4,16};
shijian[7];

void delay(uchar z)                          //延迟 1 ms
{
    unsigned char i, j, k;
    for(k=0;k<z;k++)
    {
        _nop_();
        _nop_();
        _nop_();
        i=11;
        j=190;
        do
        {
            while(--j);
        } while(--i);
    }
}

void Write_Ds1302_Byte(unsigned char temp)
{
    unsigned char i;
    for(i=0;i<8;i++)
    {
```

```
        SCK=0;
        SDA=temp&0x01;
        temp>>=1;
        SCK=1;
    }
}


void Write_Ds1302(unsigned char address,unsigned char dat)
{
    RST=0;
    _nop_();
    SCK=0;
    _nop_();
    RST=1;
    _nop_();
    Write_Ds1302_Byte(address);
    Write_Ds1302_Byte((dat/10<<4)|(dat%10));
    RST=0;
}


unsigned char Read_Ds1302 ( unsigned char address )
{
    unsigned char i,temp=0x00,dat1,dat2;
    RST=0;
    _nop_();
    SCK=0;
    _nop_();
    RST=1;
    _nop_();
    Write_Ds1302_Byte(address);
    for (i=0;i<8;i++)
    {
        SCK=0;
        temp>>=1;
        if(SDA)
        temp|=0x80;
        SCK=1;
    }
    RST=0;
    _nop_();
    RST=0;
    SCK=0;
    _nop_();
    SCK=1;
    _nop_();
```

```
        SDA=0;
        _nop_();
        SDA=1;
        _nop_();
        dat1=temp/16;
        dat2=temp%16;
        temp=dat1*10+dat2;
        return (temp);
}


void dsinit()
{
        uchar i,add;
        add=0x80;
        Write_Ds1302(0x8e,0x00);
        for(i=0;i<7;i++)
        {
                Write_Ds1302(add,str[i]);
                add=add+2;
        }
        Write_Ds1302(0x8e,0x80);
}


void dsget()
{
        uchar i,add;
        add=0x81;
        Write_Ds1302(0x8e,0x00);
        for(i=0;i<7;i++)
        {
                shijian[i]=Read_Ds1302(add);
                add=add+2;
        }
        Write_Ds1302(0x8e,0x80);
}


void Delay_OneWire(unsigned int t)          //单总线延时函数
{
        unsigned char i;
        while(t--){
                for(i=0; i<8; i++);
        }
}


void Write_DS18B20(unsigned char dat)       //通过单总线向 DS18B20 写 1 字节数据
```

```
    {
        unsigned char i;
        for(i=0;i<8;i++)
        {
            DQ=0;
            DQ=dat&0x01;
            Delay_OneWire(5);
            DQ=1;
            dat>>=1;
        }
        Delay_OneWire(5);
    }

unsigned char Read_DS18B20(void)      //从 DS18B20 读取 1 字节数据
{
    unsigned char i;
    unsigned char dat;

    for(i=0;i<8;i++)
    {
        DQ=0;
        dat>>=1;
        DQ=1;
        if(DQ)
        {
            dat|=0x80;
        }
        Delay_OneWire(5);
    }
    return dat;
}

    bit init_ds18b20(void)              //DS18B20 设备初始化
{
    bit initflag=0;

    DQ=1;
    Delay_OneWire(12);
    DQ=0;
    Delay_OneWire(80);
    DQ=1;
    Delay_OneWire(10);
    initflag=DQ;
    Delay_OneWire(5);
    return initflag;
```

```c
}

uchar temget()
{
    uchar low,high;
    char temp;
    init_ds18b20();
    Write_DS18B20(0xcc);
    Write_DS18B20(0x44);
    Delay_OneWire(200);
    init_ds18b20();
    Write_DS18B20(0xcc);
    Write_DS18B20(0xbe);
    low=Read_DS18B20();
    high=Read_DS18B20();
    temp=high<<4;
    temp|=(low>>4);
    return temp;
}

/*main.c*/
# include <STC15F2K60S2.H>
# include <deputy.h>
sbit wr=P3^6;
uchar code tab[]={0xc0,0xf9,0xa4,0xb0,0x99,0x92,0x82,0xf8,0x80,0x90,0xbf,0xff};
uchar yi,er,san,si,wu,liu,qi,ba;
uchar shezhi=1;zhi=1;
uchar xian,jieguo=0,mie=0,fla=1,qishi=0,num=0;
uchar cun[10];
void keyscan();
void allinit();
void display4(uchar qi,uchar ba);
void display3(uchar wu,uchar liu);
void display2(uchar san,uchar si);
void display1(uchar yi,uchar er);

void main()
{
    allinit();
    dsinit();
    while(1)
    {
        keyscan();
        if(shezhi==1)
        {
```

```
            yi=11;er=11;san=11;si=11;wu=11;liu=10;qi=zhi/10;ba=zhi%10;
        }
    if(shezhi==0)
    {
        dsget();
        if(jieguo==0)
        {
            yi=shijian[2]/10;er=shijian[2]%10;si=shijian[1]/10;wu=shijian[1]%10;
            qi=zhi/10;ba=zhi%10;
            if(qishi==0)
            {
                qishi=1;
                xian=shijian[0];
                cun[num]=temget();
                num++;
            }
            if(shijian[0]>xian)
            {
                if((shijian[0]-xian)==zhi)
                {
                    xian=shijian[0];
                    cun[num]=temget();
                    if(num<10)num++;
                    else
                    {
                        jieguo=1;
                        num=0;
                    }
                }
            }
            else if((60-xian+shijian[0])==zhi)
            {
                xian=shijian[0];
                cun[num]=temget();
                if(num<10)   num++;
                else
                {
                    jieguo=1;
                    num=0;
                }
            }

            if(shijian[0]%2==0)
            {
```

```
                    san=10;liu=10;
                }
            else
                {
                    san=11;liu=11;
                }
        }
    else if(jieguo==1)
    {
        if(mie==1)
        {
            P2=0X80;P0=0XFF;
            yi=10;liu=10;si=11;wu=11;er=0;
            if(shijian[0]%2==0)
            {
                fla=1;
                san=num;
                qi=cun[num]/10;ba=cun[num]%10;
            }
            else
            {
                if(fla==1)
                {
                    fla=0;
                    if(num<9)    num++;
                    else
                    {
                        num=0;mie=10;
                    }
                }
            }
        }
        else if(mie==0)
        {
            dsget();
            yi=10;er=0;san=0;si=11;wu=11;liu=10;qi=cun[0]/10;ba=cun[0]%10;
            if(shijian[0]%2==0)
            {
                P2=0X80;P0=0Xfe;
            }
            else
            {
                P2=0X80;P0=0Xff;
            }
```

```
                }
            }
        }
        display1(yi,er);
        display2(san,si);
        display3(wu,liu);
        display4(qi,ba);
    }
}


void keyscan()
{
    if(P30==0)
    {
        delay(5);
        if(P30==0)
        {
            if((jieguo==1)&&(mie==10))
            {
                shezhi=1;jieguo=0;mie=0;qishi=0;
            }
        }
        while(!P30);
    }
    else if(P31==0)
    {
        delay(5);
        if(P31==0)
        {
            if(jieguo==1)
            {
                mie=1;
            }
        }
        while(!P31);
    }
    else if(P32==0)
    {
        delay(5);
        if(P32==0)
        {
            if(shezhi==1)
            {
                shezhi=0;
            }
```

```
            }
        while(!P32);
    }
    else if(P33==0)
    {
        delay(5);
        if(P33==0)
        {
            if(shezhi==1)
            {
                if(zhi==1)
                {
                    zhi=5;
                }
                else if(zhi==5)
                {
                    zhi=30;
                }
                else if(zhi==30)
                {
                    zhi=60;
                }
                else if(zhi==60)
                {
                    zhi=1;
                }
            }
        }
        while(!P33);
    }
}

void display1(uchar yi,uchar er)
{
    P2=0XC0;
    P0=0X01;
    P2=0XFF;
    P0=tab[yi];
    delay(1);
    P2=0XC0;
    P0=0X02;
    P2=0XFF;
    P0=tab[er];
    delay(1);
}
```

```c
void display2(uchar san,uchar si)
{
    P2=0XC0;
    P0=0X04;
    P2=0XFF;
    P0=tab[san];
    delay(1);
    P2=0XC0;
    P0=0X08;
    P2=0XFF;
    P0=tab[si];
    delay(1);
}

void display3(uchar wu,uchar liu)
{
    P2=0XC0;
    P0=0X10;
    P2=0XFF;
    P0=tab[wu];
    delay(1);
    P2=0XC0;
    P0=0X20;
    P2=0XFF;
    P0=tab[liu];
    delay(1);
}

void display4(uchar qi,uchar ba)
{
    P2=0XC0;
    P0=0X40;
    P2=0XFF;
    P0=tab[qi];
    delay(1);
    P2=0XC0;
    P0=0X80;
    P2=0XFF;
    P0=tab[ba];
    delay(1);
}

void allinit()
{
    P2=0X80;
```

```
      P0=0XFF;
      P2=0XC0;
      P0=0XFF;
      P2=0XFF;
      P0=0XFF;
      P2=0XA0;
      P0=0X00;
}
```

第13章 模拟风扇控制系统

13.1 功能描述

模拟风扇控制系统能够模拟电风扇工作,通过按键控制风扇的转动速度和定时时间,数码管实时显示风扇的工作模式,动态倒计时显示剩余的定时时间。该系统主要由数码管显示单元、单片机最小系统、按键输入和 PWM 控制保护电路组成,如图 13-1 所示。

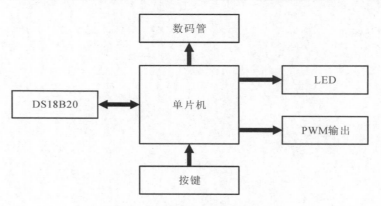

图 13-1 模拟风扇控制系统组成

13.2 设计要求

◆ 13.2.1 工作模式

设备具有"睡眠风""自然风""常风"3 种工作模式,可以通过按键切换,通过单片机 P3.4 引脚输出脉宽调制信号,控制电动机运行状态,信号频率为 1 kHz。

(1)"睡眠风"模式下,对应 PWM 占空比为 20%。

(2)"自然风"模式下,对应 PWM 占空比为 30%。

(3)"常风"模式下,对应 PWM 占空比为 70%。

◆ 13.2.2 数码管显示

数码管实时显示设备当前工作模式和剩余工作时间(倒计时),显示格式如图 13-2 所示。

-	I	-	8	0	0	5	0
工作模式：睡眠风			熄灭	剩余工作时间：50 s			

图 13-2　工作模式和剩余工作时间显示格式

"睡眠风"模式下，对应数码管显示数值为 1；"自然风"模式下，显示数值为 2；"常风"模式下，显示数值为 3。

◆ 13.2.3　按键控制

使用 S4、S5、S6、S7 四个按键完成按键控制功能。

（1）按键 S4 为工作模式切换按键，按下 S4，设备循环切换三种工作模式，按下一次切换一次。

（2）按键 S5 为定时按键，每次按下 S5，定时时间增加 1 分钟，设备的剩余工作时间重置为当前定时时间，重新开始倒计时。设备剩余工作时间为 0 时，停止 PWM 信号输出。

（3）按键 S6 为停止按键，按下 S6，立即清零剩余工作时间，PWM 信号停止输出，直到通过 S5 重新设置定时时间。

（4）按键 S7 为室温按键，按下 S7，通过数码管显示当前室温，数码管显示格式如图 13-3 所示；再次按下 S7，返回图 13-2 所示的工作模式和剩余工作时间显示界面，如此往复。

-	4	-	8	8	2	5	C
室温显示			熄灭		当前室内温度：25 ℃		

图 13-3　室温显示格式

室温测量、显示功能不应影响设备的 PWM 信号输出、停止、模式切换和计时等功能。

◆ 13.2.4　LED 指示

"睡眠风"模式下，L1 点亮；"自然风"模式下，L2 点亮；"常风"模式下，L3 点亮；按下停止按键或倒计时结束时，LED 全部熄灭。

13.3　参考程序及解析

```
/*onewire.h*/
# ifndef _ONEWIRE_H
# define _ONEWIRE_H
# include "reg52.h"
# define OW_SKIP_ROM 0xcc
# define DS18B20_CONVERT 0x44
# define DS18B20_READ 0xbe
sbit DQ=P1^4;                           //IC 引脚定义
void Delay_OneWire(unsigned int t);     //函数声明
```

```c
void Write_DS18B20(unsigned char dat);
bit Init_DS18B20(void);
unsigned char Read_DS18B20(void);
# endif

/*onewire.c*/
# include "onewire.h"

void Delay_OneWire(unsigned int t)          //单总线延时函数
{
    unsigned char i;
    while(t--)
    {
        for(i=0;i<12;i++);
    }
}


bit Init_DS18B20(void)                       //DS18B20芯片初始化
{
    bit initflag=0;
    DQ=1;
    Delay_OneWire(12);
    DQ=0;
    Delay_OneWire(80);
    DQ=1;
    Delay_OneWire(10);
    initflag=DQ;
    Delay_OneWire(5);
    return initflag;
}


void Write_DS18B20(unsigned char dat)        //通过单总线向DS18B20写1字节数据
{
    unsigned char i;
    for(i=0;i<8;i++)
    {
        DQ=0;
        DQ=dat&0x01;
        Delay_OneWire(5);
        DQ=1;
        dat>>=1;
    }
    Delay_OneWire(5);
}
```

```c
unsigned char Read_DS18B20(void)      //从 DS18B20 读取 1 字节数据
{
    unsigned char i;
    unsigned char dat;

    for(i=0;i<8;i++)
    {
        DQ=0;
        dat>>=1;
        DQ=1;
        if(DQ)
        {
            dat|=0x80;
        }
        Delay_OneWire(5);
    }
    return dat;
}


/*main.c*/
# include <reg52.h>
# include "onewire.h"
sbit S7=P3^0;
sbit S6=P3^1;
sbit S5=P3^2;
sbit S4=P3^3;
sbit PWM=P3^4;
sbit L1=P0^0;
sbit L2=P0^1;
sbit L3=P0^2;
unsigned char code t_display[]={      //标准字库
    0x3F,0x06,0x5B,0x4F,0x66,0x6D,0x7D,0x07,0x7F,0x6F,0x39,0x40};


unsigned char flag=1;               //三种工作模式变量,1 为"睡眠风",2 为"自然风",3
                                    //为"常风"
unsigned char t;                    //定时时间为 0 s、60 s、120 s,按键 S5 控制 t 的大小
unsigned char t1;                   //剩余工作时间变量,大小在 0 到 t 之间
unsigned char x;                    //数码管显示控制变量,0 是工作模式显示,1 是温度模式
                                    //显示
unsigned char i;                    //占空比的设置变量,2、3、7 分别代表 20%、30%、70%的占
                                    //空比
unsigned char j;                    //占空比的计数变量,小于 i 表示 PWM 为高电平,在 0～9
                                    //范围内不停循环
unsigned int k;                     //1 秒钟的计数变量,当等于 10 000 时,t1 减少 1 s
unsigned char tt1,tt2;              //温度的十位和个位
```

```c
unsigned char m;                                    //数码管段选变量

void Delay(unsigned int t)                          //延时
{
    unsigned char i;
    while(t--)
    {
        for(i=0;i<12;i++);
    }
}

void hc138(unsigned char i)                         //打开锁存器
{
    switch(i)
    {
        case 4:
            P2=(P2&0x1f)|0x80;
            break;
        case 5:
            P2=(P2&0x1f)|0xa0;
            break;
        case 6:
            P2=(P2&0x1f)|0xc0;
            break;
        case 7:
            P2=(P2&0x1f)|0xe0;
    }
}

void show_smg(unsigned char i, unsigned char dat)   //一个数码管的显示
{
    hc138(6);
    P0=0x01<<i;
    hc138(7);
    P0=~t_display[dat];
}

void show_job(unsigned char i)                       //工作模式的显示
{
    switch(i)
    {
        case 0:
            show_smg(0,11);
            break;
        case 1:
```

```c
                show_smg(1,flag);
                break;
            case 2:
                show_smg(2,11);
                break;
            case 4:
                show_smg(4,0);
                break;
            case 5:
                show_smg(5,t1/100);
                break;
            case 6:
                show_smg(6,t1/10%10);
                break;
            case 7:
                show_smg(7,t1%10);
        }
}


void show_temper(unsigned char i)    //温度的显示
{
    switch(i)
    {
        case 0:
            show_smg(0,11);
            break;
        case 1:
            show_smg(1,4);
            break;
        case 2:
            show_smg(2,11);
            break;
        case 5:
            show_smg(5,tt1);
            break;
        case 6:
            show_smg(6,tt2);
            break;
        case 7:
            show_smg(7,10);
    }
}


void rd_temperature(void)              //DS18B20温度采集程序:整数
{
```

```c
    unsigned char low,high,temp;
    Init_DS18B20();
    Write_DS18B20(0xCC);
    Write_DS18B20(0x44);          //启动温度转换
    Delay_OneWire(200);
    Init_DS18B20();
    Write_DS18B20(0xCC);
    Write_DS18B20(0xBE);          //读取寄存器
    low=Read_DS18B20();           //低字节
    high=Read_DS18B20();          //高字节
    temp=high<<4;
    temp|=(low>>4);
    tt1=temp/10;
    tt2=temp%10;
}

void init_timer0()                //初始化定时器 0
{
    TMOD=0x01;
    TH0=(65535-110592/1200)/256;
    TL0=(65535-110592/1200)%256;
    EA=1;
    ET0=1;
    TR0=1;
}

void intertimer0() interrupt 1    //定时器 0 的中断,0.1 ms
{
    TH0=(65535-110592/1200)/256;
    TL0=(65535-110592/1200)%256;

    if(j==0)                      //以 1 ms 为间隔扫描数码管和 LED
    {
        if(x==0)
        {
            show_job(m);          //工作模式的显示
        }
        else if(x==1)
        {
            show_temper(m);       //温度的显示
        }
        m++;                      //数码管的段选
        if(m>=8)
        {
            m=0;
```

```
        }
        P2=0x1f;
        P0=0xff;                    //LED 显示前，把 P0 口全部置 1
        hc138(4);                   //打开 LED 的锁存器
        if(t1>0)                    //当剩余时间大于 0 才显示
        {
            if(flag==1)
            {
                L1=0;
            }
            else if(flag==2)
            {
                L2=0;
            }
            else if(flag==3)
            {
                L3=0;
            }
        }
    }

    if(j<i)                     //PWM 高电平输出
    {
        PWM=1;
    }
    else if(j<10)               //PWM 低电平输出
    {
        PWM=0;
    }
    j++;
    if(j>=10)
    {
        j=0;
    }
    k++;
    if(k>=10000)                //1 秒，倒计时用
    {
        k=0;
        if(t1>0)
        {
            t1--;
        }
        else if(t1==0)
        {
            i=0;
```

```c
        }
    }
}

void start_init()                    //上电初始化
{
    hc138(5);
    P0=P0&0xaf;
    hc138(4);
    P0=0xff;
}

void main()
{
    init_timer0();
    start_init();                    //上电初始化
    while(1)
    {
        rd_temperature();            //获取温度

        if(S4==0)
        {
            Delay(100);
            if(S4==0)                //按下 S4 调整工作模式
            {
                if(flag==1)
                {
                    i=2;
                }
                else if(flag==2)
                {
                    i=3;
                }
                else if(flag==3)
                {
                    i=7;
                }
                flag++;
                if(flag>3)
                {
                    flag=1;
                }
                while(S4==0);
            }
        }
```

```c
    if(S5==0)                           //S5 设置倒计时长
    {
        Delay(100);
        if(S5==0)
        {
            t+=60;
            if(t>120)
            {
                t=0;
                i=0;
            }
            t1=t;
            while(S5==0);
        }
    }
    if(S6==0)                           //清空剩余工作时间和停止 PWM 信号输出
    {
        Delay(100);
        if(S6==0)
        {
            t1=0;
            i=0;
            while(S6==0);
        }
    }
    if(S7==0)                           //切换显示模式
    {
        Delay(100);
        if(S7==0)
        {
            if(x==0)
            {
                x=1;
            }
            else if(x==1)
            {
                x=0;
            }
            while(S7==0);
        }
    }
  }
}
```

第14章 基于单片机竞赛板的电子钟程序设计与调试

14.1 功能描述

使用 CT107D 单片机竞赛板,完成具有电子钟功能的程序设计与调试。硬件组成如图14-1 所示。

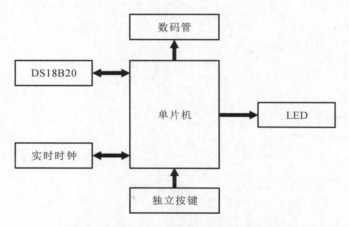

图 14-1　电子钟程序设计与调试硬件组成

14.2 设计要求

◆ 14.2.1 初始化

(1) 关闭蜂鸣器、继电器等无关外设。

(2) 设备初始化时钟为 23 时 59 分 50 秒,闹钟提醒时间为 0 时 0 分 0 秒。

◆ 14.2.2 显示功能

(1) 时间显示格式如图 14-2 所示。

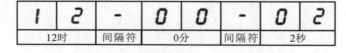

图 14-2　时间显示格式

（2）温度显示格式如图 14-3 所示。

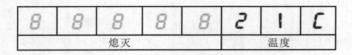

图 14-3　温度显示格式

◆ 14.2.3　按键功能

（1）按键 S7 为时钟设置按键，通过该按键可切换选择待调整的时、分、秒，当前选择的显示单元以 1 秒为间隔亮灭。按键时、分、秒的调整需注意数据边界属性。时钟设置按键功能如图 14-4 所示。

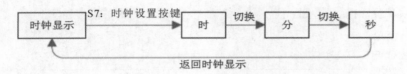

图 14-4　时钟设置按键功能

（2）按键 S6 为闹钟设置按键，通过该按键可进入闹钟时间设置界面，数码管显示当前设定的闹钟时间。闹钟设置按键功能如图 14-5 所示。

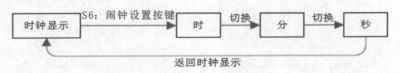

图 14-5　闹钟设置按键功能

（3）按键 S5 为"加"按键，在时钟设置或闹钟设置状态下，每次按下该按键当前选择的单元（时、分或秒）增加 1 个单位。

（4）按键 S4 为"减"按键，在时钟设置或闹钟设置状态下，每次按下该按键当前选择的单元（时、分或秒）减少 1 个单位。

（5）按键功能说明：① 按键 S4、S5 的加、减功能只在时钟设置或闹钟设置状态下有效；② 在时钟显示状态下，按下按键 S4，显示温度数据；松开按键 S4，返回时钟显示界面。

◆ 14.2.4　闹钟提示功能

（1）指示灯 L1 以 0.2 秒为间隔闪烁，持续 5 秒。
（2）闹钟提示状态下，按下任意按键，关闭闪烁提示功能。

14.3　参考程序及解析

```
/*onewire.h*/
# ifndef _ONEWIRE_H
# define _ONEWIRE_H
# include "reg52.h"
# define OW_SKIP_ROM 0xcc
```

```c
# define DS18B20_CONVERT 0x44
# define DS18B20_READ 0xbe
sbit DQ=P1^4;                              //IC引脚定义
void Delay_OneWire(unsigned int t);        //函数声明
void Write_DS18B20(unsigned char dat);
bit Init_DS18B20(void);
unsigned char Read_DS18B20(void);
# endif


/*onewire.c*/
# include "onewire.h"

void Delay_OneWire(unsigned int t)         //单总线延时函数
{
    unsigned char i;
    while(t--)
    {
        for(i=0;i<12;i++);
    }
}


bit Init_DS18B20(void)                     //DS18B20芯片初始化
{
    bit initflag=0;
    DQ=1;
    Delay_OneWire(12);
    DQ=0;
    Delay_OneWire(80);
    DQ=1;
    Delay_OneWire(10);
    initflag=DQ;
    Delay_OneWire(5);
    return initflag;
}

void Write_DS18B20(unsigned char dat)      //通过单总线向DS18B20写1字节数据
{
    unsigned char i;
    for(i=0;i<8;i++)
    {
        DQ=0;
        DQ=dat&0x01;
        Delay_OneWire(5);
        DQ=1;
        dat>>=1;
```

```
    }
    Delay_OneWire(5);
}

unsigned char Read_DS18B20(void)      //从 DS18B20 读取 1 字节数据
{
    unsigned char i;
    unsigned char dat;

    for(i=0;i<8;i++)
    {
        DQ=0;
        dat>>=1;
        DQ=1;
        if(DQ)
        {
            dat|=0x80;
        }
        Delay_OneWire(5);
    }
    return dat;
}

/*ds1302.h*/
# ifndef __DS1302_H__
# define __DS1302_H__
# include <reg52.h>
# include <intrins.h>
/******************************************************************/
sbit SCK=P1^7;
sbit SD=P2^3;
sbit RST=P1^3;
/******************************************************************/
/*复位脚*/
# define RST_CLRRST=0/*电平置低*/
# define RST_SETRST=1/*电平置高*/
/*双向数据*/
# define SDA_CLRSD=0/*电平置低*/
# define SDA_SETSD=1/*电平置高*/
# define SDA_RSD/*电平读取*/
/*时钟信号*/
# define SCK_CLRSCK=0/*时钟信号*/
# define SCK_SETSCK=1/*电平置高*/
/******************************************************************/
# define ds1302_sec_addr0x80          //秒数据地址
```

```c
# define ds1302_min_addr0x82          //分数据地址
# define ds1302_hr_addr0x84           //时数据地址
# define ds1302_date_addr0x86         //日数据地址
# define ds1302_month_addr0x88        //月数据地址
# define ds1302_day_addr0x8A          //星期数据地址
# define ds1302_year_addr0x8C         //年数据地址
# define ds1302_control_addr0x8E      //写保护命令字单元地址
# define ds1302_charger_addr0x90      //涓电流充电命令字地址
# define ds1302_clkburst_addr0xBE     //日历、时钟突发模式命令字地址
/*****************************************************************/
/*****************************************************************/
/*单字节写入 1 字节数据*/
extern void Write_Ds1302_Byte(unsigned char dat);
/*****************************************************************/
/*单字节读出 1 字节数据*/
extern unsigned char Read_Ds1302_Byte(void);


/*****************************************************************/
/*****************************************************************/
/*向 DS1302 单字节写入 1 字节数据*/
extern void Ds1302_Single_Byte_Write(unsigned char addr, unsigned char dat);
/*****************************************************************/
/*从 DS1302 单字节读出 1 字节数据*/
extern unsigned char Ds1302_Single_Byte_Read(unsigned char addr);
# endif


/*ds1302.c*/
# include "ds1302.h"

/*****************************************************************/
/*单字节写入 1 字节数据*/
void Write_Ds1302_Byte(unsigned char dat)
{
    unsigned char i;
    SCK=0;
    for (i=0;i<8;i++)
    {
        if (dat&0x01)                  // 等同于 if((addr & 0x01)==1)
        {
            SDA_SET;                   //# define SDA_SET SDA=1 /*电平置高*/
        }
        else
        {
            SDA_CLR;                   //#define SDA_CLR SDA=0 /*电平置低*/
        }
```

```
            SCK_SET;
            SCK_CLR;
            dat=dat>>1;
        }
}


/*******************************************************************/
/*单字节读出 1 字节数据*/
unsigned char Read_Ds1302_Byte(void)
{
    unsigned char i, dat=0;
    for (i=0;i<8;i++)
    {
        dat=dat>>1;
        if (SDA_R)          //等同于 if(SDA_R==1)  # define SDA_R SDA   /*电平读取*/
        {
            dat|=0x80;
        }
        else
        {
            dat&=0x7F;
        }
        SCK_SET;
        SCK_CLR;
    }
    return dat;
}


/*******************************************************************/
/*向 DS1302 单字节写入 1 字节数据*/
void Ds1302_Single_Byte_Write(unsigned char addr, unsigned char dat)
{

    RST_CLR;/*RST 脚电平置低,实现 DS1302 的初始化*/
    SCK_CLR;/*SCK 脚电平置低,实现 DS1302 的初始化*/

    RST_SET;/*启动 DS1302 总线,RST=1,电平置高*/
    addr=addr&0xFE;
    Write_Ds1302_Byte(addr); /*写入目标地址 addr,保证是写操作,写之前将最低位置零*/
    Write_Ds1302_Byte(dat); /*写入数据 dat*/
    RST_CLR; /*停止 DS1302 总线*/
}


/*******************************************************************/
/*从 DS1302 单字节读出 1 字节数据*/
```

```c
unsigned char Ds1302_Single_Byte_Read(unsigned char addr)
{
    unsigned char temp;
    RST_CLR;/*RST 脚电平置低,实现 DS1302 的初始化*/
    SCK_CLR;/*SCK 脚电平置低,实现 DS1302 的初始化*/

    RST_SET;/*启动 DS1302 总线,RST=1,电平置高*/
    addr=addr|0x01;
    Write_Ds1302_Byte(addr); /*写入目标地址 addr,保证是读操作,写之前将最低位置高*/
    temp= Read_Ds1302_Byte(); /*从 DS1302 中读出 1 字节数据*/
    RST_CLR;/*停止 DS1302 总线*/
    return temp;
}

/*main.c*/
# include "reg52.h"
# include "onewire.h"
# include "ds1302.h"
sbit S7=P3^0;
sbit S6=P3^1;
sbit S5=P3^2;
sbit S4=P3^3;
sbit L1=P0^0;
unsigned char code t_display[]={      //标准字库
  0x3F,0x06,0x5B,0x4F,0x66,0x6D,0x7D,0x07,0x7F,0x6F,0x39,0x40};

unsigned char shi,fen,miao;           //时钟变量
unsigned char nshi,nfen,nmiao;        //闹钟变量
unsigned char i;                      //时钟、闹钟计数变量,每变化一次是 1 ms,0 到 8 不断循环
unsigned char flag;                   //时钟、闹钟、温度显示切换变量
unsigned char k;                      //记录按键按下的次数
unsigned int m;                       //记录选中时间经过的毫秒数
unsigned char t1,t2;                  //记录温度十位和个位的变量
unsigned char j;                      //记录温度显示的变量
unsigned char n;                      //标记是否闪烁
unsigned int p;                       //控制闹钟闪烁的变量

void Delay(unsigned int t)            //延时
{
    unsigned char i;
    while(t--)
    {
        for(i=0;i<12;i++);
    }
```

```c
}

void hc138(unsigned char i)              //选择锁存器
{
    switch(i)
    {
        case 4:
            P2=(P2&0x1f)|0x80;
            break;
        case 5:
            P2=(P2&0x1f)|0xa0;
            break;
        case 6:
            P2=(P2&0x1f)|0xc0;
            break;
        case 7:
            P2=(P2&0x1f)|0xe0;
            break;
    }
}


void system_init()                       //上电初始化
{
    hc138(5);
    P0=P0&0xaf;
    hc138(4);
    P0=P0&0xff;
}


void set_ds1302(unsigned char shi,unsigned char fen, unsigned char miao)//时钟设置
{
    Ds1302_Single_Byte_Write(0x8e,0);
    Ds1302_Single_Byte_Write(0x80,miao/10*16+miao%10);
    Ds1302_Single_Byte_Write(0x82,fen/10*16+fen%10);
    Ds1302_Single_Byte_Write(0x84,shi/10*16+shi%10);
    Ds1302_Single_Byte_Write(0x8e,0x80);
}


void read_ds1302()                       //读取时间
{
    unsigned char time;
    time=Ds1302_Single_Byte_Read(0x85);
    shi=time/16*10+time%16;
    Ds1302_Single_Byte_Write(0x00,0);
    Delay(30);
```

```c
        time=Ds1302_Single_Byte_Read(0x83);
        fen=time/16*10+time%16;
        Ds1302_Single_Byte_Write(0x00,0);
        Delay(30);
        time=Ds1302_Single_Byte_Read(0x81);
        miao=time/16*10+time%16;
        Ds1302_Single_Byte_Write(0x00,0);
        Delay(30);
}

void show_smg(unsigned char i, unsigned char dat)      //数码管显示
{
        hc138(6);
        P0=0x01<<i;
        hc138(7);
        P0=~t_display[dat];
}

void show_timer(unsigned char i)                          //时钟显示,8个数码管
{
        switch(i)
        {
            case 0:
                show_smg(0,shi/10);
                break;
            case 1:
                show_smg(1,shi%10);
                break;
            case 2:
                show_smg(2,11);
                break;
            case 3:
                show_smg(3,fen/10);
                break;
            case 4:
                show_smg(4,fen%10);
                break;
            case 5:
                show_smg(5,11);
                break;
            case 6:
                show_smg(6,miao/10);
                break;
            case 7:
                show_smg(7,miao%10);
```

```
                break;
        }
}


void show_ntimer(unsigned char i)    //闹钟显示,8个数码管
{
    switch(i)
    {
        case 0:
            show_smg(0,nshi/10);
            break;
        case 1:
            show_smg(1,nshi%10);
            break;
        case 2:
            show_smg(2,11);
            break;
        case 3:
            show_smg(3,nfen/10);
            break;
        case 4:
            show_smg(4,nfen%10);
            break;
        case 5:
            show_smg(5,11);
            break;
        case 6:
            show_smg(6,nmiao/10);
            break;
        case 7:
            show_smg(7,nmiao%10);
            break;
    }
}


void rd_temperature(void)            //DS18B20 温度采集程序:整数
{
    unsigned char low,high,temp;
    Init_DS18B20();
    Write_DS18B20(0xCC);
    Write_DS18B20(0x44);             //启动温度转换
    Delay_OneWire(200);
    Init_DS18B20();
    Write_DS18B20(0xCC);
    Write_DS18B20(0xBE);             //读取寄存器
```

```c
    low=Read_DS18B20();                    //低字节
    high=Read_DS18B20();                   //高字节
    temp=high<<4;
    temp|=(low>>4);
    t1=temp/10;
    t2=temp%10;
}


void show_temper(unsigned char i)     //温度显示
{
    if(i==0)
    {
        show_smg(i+5,t1);
    }
    else if(i==1)
    {
        show_smg(i+5,t2);
    }
    else if(i==2)
    {
        show_smg(i+5,10);
    }
}


void init_timer0()                    //定时器中断初始化
{
    TMOD= 0x01;
    TH0=(65535-110592/120)/256;
    TL0=(65535-110592/120)%256;
    ET0=1;
    EA=1;
    TR0=1;
}
void main()
{
    system_init();
    init_timer0();                    //定时器中断初始化
    set_ds1302(23,59,50);
    while(1)
    {
      if(flag==0)                     //时钟显示状态
      {
            read_ds1302();            //获取时钟信息
            rd_temperature();         //获取温度信息
            Delay(200);
```

```
    }
    if(n!=1&&S7==0&&(flag==0||flag==1))            //时钟设置模式
    {
        Delay(100);
        if(S7==0)
        {
            k++;
            flag=1;
            if(k>3)
            {
                k=0;
                set_ds1302(shi,fen,miao);
                flag=0;
            }
            while(S7==0);
        }
    }
    if(flag==1)                                    //时钟设置模式下的操作
    {
        if(S5==0)                                  //按键 5,进行加操作
        {
            Delay(100);
            if(S5==0)
            {
                if(k==1)                           //表示时的设置
                {
                    shi++;
                    if(shi>=24)
                    {
                        shi=0;
                    }
                }
                if(k==2)                           //表示分的设置
                {
                    fen++;
                    if(fen>=60)
                    {
                        fen=0;
                    }
                }
                if(k==3)                           //表示秒的设置
                {
                    miao++;
                    if(miao>=60)
                    {
```

```
                                miao=0;
                            }
                        }
                    }
            while(S5==0);
        }
        if(S4==0)                        //按键 4,进行减操作
        {
            Delay(100);
            if(S4==0)
            {
                if(k==1)
                {
                    if(shi==0)
                    {
                        shi=24;
                    }
                    shi--;
                }
                if(k==2)
                {
                    if(fen==0)
                    {
                        fen=60;
                    }
                    fen--;
                }
                if(k==3)
                {
                    if(miao==0)
                    {
                        miao=60;
                    }
                    miao--;
                }
            }
            while(S4==0);
        }
        if(k==1)
        {
            if(m<500)
            {
                show_timer(0);
                Delay(200);
                show_timer(1);
```

```
                    Delay(200);
                }
            }
            if(k==2)
            {
                if(m<500)
                {
                    show_timer(3);
                    Delay(200);
                    show_timer(4);
                    Delay(200);
                }
            }
            if(k==3)
            {
                if(m<500)
                {
                    show_timer(6);
                    Delay(200);
                    show_timer(7);
                    Delay(200);
                }
            }
        }
        if(n!=1&&S6==0&&(flag==0||flag==2))            //闹钟设置模式
        {
            Delay(100);
            if(S6==0)
            {
                k++;
                flag=2;
                if(k>3)
                {
                    k=0;
                    flag=0;
                }
                while(S6==0);
            }
        }
        if(flag==2)                                    //闹钟模式下的设置
        {
          if(S5==0)
          {
                Delay(100);
                if(S5==0)
```

```
                {
                    if(k==1)
                    {
                        nshi++;
                        if(nshi>=24)
                        {
                            nshi=0;
                        }
                    }
                    if(k==2)
                    {
                        nfen++;
                        if(nfen>=60)
                        {
                            nfen=0;
                        }
                    }
                    if(k==3)
                    {
                        nmiao++;
                        if(nmiao>=60)
                        {
                            nmiao=0;
                        }
                    }
                }
            while(S5==0);
        }
        if(S4==0)
        {
            Delay(100);
            if(S4==0)
            {
                if(k==1)
                {
                    if(nshi==0)
                    {
                        nshi=24;
                    }
                    nshi--;
                }
                if(k==2)
                {
                    if(nfen==0)
                    {
```

```
                            nfen=60;
                        }
                        nfen--;
                    }
                    if(k==3)
                    {
                        if(nmiao==0)
                        {
                            nmiao=60;
                        }
                        nmiao--;
                    }
                }
                while(S4==0);
            }
        }
        if(flag==0&&S4==0)                          //显示温度
        {
            Delay(100);
            if(S4==0)
            {
            flag=3;
            while(S4==0);
            flag=0;
            }
        }
        if(shi==nshi&&fen==nfen&&miao==nmiao)        //判断是否到达闹钟时间
        {
            n=1;
        }
        if(miao-nmiao>5 || ((miao-nmiao<0)&&(miao+60-nmiao>5)))
                                                     //判断闹钟是否已提示 5 秒
        {
            n=0;
        }
        if(S4==0||S5==0||S6==0||S7==0)               //判断是否有按键来取消闹钟
        {
            n=0;
        }
    }
}


void intertimer0()   interrupt 1                     //定时器 0 中断,1 ms
{
    TH0=(65535-110592/120)/256;
```

```
        TL0=(65535-110592/120)%256;
        if(flag==0)                        //正常的时钟显示模式
        {
            show_timer(i);
        }
        if(flag==1)                        //时钟设置显示模式
        {
            if(k==1)
            {
                if(i==0)
                {
                    i=2;
                }
            }
            if(k==2)
            {
                if(i==3)
                {
                    i=5;
                }
            }
            if(k==3)
            {
                if(i==6)
                {
                    i=0;
                }
            }
            show_timer(i);
        }
        if(flag==2)                        //闹钟设置显示模式
        {
            show_ntimer(i);
        }
        if(flag==3)                        //温度显示模式
        {
            show_temper(j);
        }
          if(n==1)                         //闹钟闪烁
          {
                if(p<200)
                {
                  hc138(4);
                  P0=0xfe;
                }
```

```
        else
        {
            hc138(4);
            P0=0xff;
        }
    }
i++;                              //下面为各种时间计数
if(i>=8)
{
    i=0;
}
m++;
if(m>=1000)
{
    m=0;
}
j++;
if(j>=3)
{
    j=0;
}
p++;
if(p>=400)
{
    p=0;
}
}
```

第 15章 彩灯控制器

15.1 功能描述

通过单片机控制 8 个 LED(彩灯)按照特定的顺序(工作模式)亮灭;指示灯的流转间隔可通过按键调整,亮度可由电位器 $Rb2$ 进行控制;各工作模式的流转间隔时间需在 EEPROM 中保存,并可在硬件重新上电后自动载入。硬件组成如图 15-1 所示。

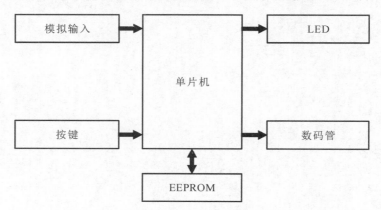

图 15-1 彩灯控制器硬件组成

15.2 设计要求

◆ ### 15.2.1 设计说明

(1) 关闭蜂鸣器、继电器等与本程序设计无关的外设资源。

(2) 设备上电后默认数码管为熄灭状态。

(3) 流转间隔可调整为 400～1 200 ms。

(4) 设备固定按照模式 1、模式 2、模式 3、模式 4 的次序循环往复运行。

◆ ### 15.2.2 LED 工作模式

(1) 模式 1:按照 L1,L2,…,L8 的顺序,从左到右单循环点亮。

(2) 模式 2:按照 L8,L7,…,L1 的顺序,从右到左单循环点亮。

(3) 模式 3:彩灯运行状态说明如图 15-2 所示。

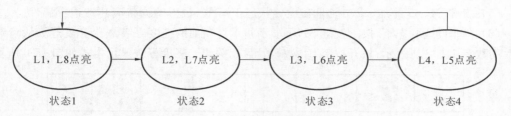

图 15-2　模式 3 彩灯运行状态说明

（4）模式 4：彩灯运行状态说明如图 15-3 所示。

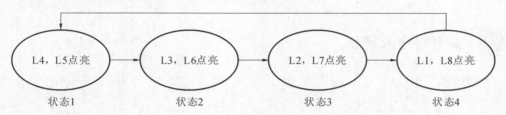

图 15-3　模式 4 彩灯运行状态说明

15.2.3　亮度等级控制

检测电位器 $Rb2$ 的输出电压，控制 8 个 LED 的亮度，要求在 0～5 V 的可调区间内，实现 4 个均匀分布的 LED 亮度等级。

15.2.4　按键功能

（1）按键 S7 为启动/停止按键，按下后启动或停止 LED 的流转。

（2）按键 S6 为设置按键，按下后数码管进入流转间隔设置界面，显示格式如图 15-4 所示。

图 15-4　流转间隔设置显示格式

通过按键 S6 可切换选择运行模式编号和流转间隔两个显示单元，当前被选择的显示单元以 0.8 s 为间隔亮灭，如图 15-5 所示。

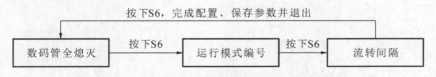

图 15-5　切换选择运行模式编号和流转间隔

（3）按键 S5 为"加"按键，在设置界面下，按下该键，若当前选择的是运行模式编号，则运行模式编号加 1；若当前选择的是流转间隔，则流转间隔增加 100 ms。

（4）按键 S4 为"减"按键，在设置界面下，按下该键，若当前选择的是运行模式编号，则运行模式编号减 1；若当前选择的是流转间隔，则流转间隔减少 100 ms。

（5）按键 S4、S5 的加、减功能只在设置状态下有效，数值的调整应注意边界属性。

（6）在非设置状态下，按下按键 S4，可显示指示灯当前的亮度等级，4 个亮度等级从暗到亮依次用数字 1、2、3、4 表示；松开按键 S4，数码管显示关闭。亮度等级显示格式如图 15-6 所示。

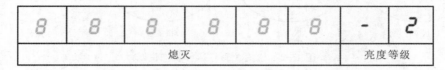

8	8	8	8	8	8	-	2
熄灭						亮度等级	

图 15-6　亮度等级显示格式

15.3 参考程序及解析

```c
/*iic.h*/
# ifndef _IIC_H
# define _IIC_H
# include "reg52.h"
# include "intrins.h"
sbit SDA=P2^1;   /*总线引脚定义,数据线*/
sbit SCL=P2^0;   /*总线引脚定义,时钟线*/
void IIC_Start(void);
void IIC_Stop(void);
void IIC_Ack(unsigned char ackbit);
void IIC_SendByte(unsigned char byt);
bit IIC_WaitAck(void);
unsigned char IIC_RecByte(void);
void i2c_delay(unsigned char i);
# endif

/*iic.c*/
# include "iic.h"

void i2c_delay(unsigned char i)
{
    do
    {
        _nop_();
    }
    while(i--);
}

void IIC_Start(void)                //总线启动条件
{
    SDA=1;
    SCL=1;
    i2c_delay(5);
```

```
        SDA=0;
        i2c_delay(5);
        SCL=0;
}

void IIC_Stop(void)                    //总线停止条件
{
        SDA=0;
        SCL=1;
        i2c_delay(5);
        SDA=1;
}

void IIC_Ack(unsigned char ackbit)  //应答位控制
{
        if(ackbit)
        {
            SDA=0;
        }
        else
        {
            SDA=1;
        }
        i2c_delay(5);
        SCL=1;
        i2c_delay(5);
        SCL=0;
        SDA=1;
        i2c_delay(5);
}

bit IIC_WaitAck(void)                  //等待应答
{
        SDA=1;
        i2c_delay(5);
        SCL=1;
        i2c_delay(5);
        if(SDA)
        {
            SCL=0;
            IIC_Stop();
            return 0;
        }
        else
        {
```

```c
        SCL=0;
        return 1;
    }
}

void IIC_SendByte(unsigned char byt)        //通过 IIC 总线发送数据
{
    unsigned char i;
    EA=0;
    for(i=0;i<8;i++)
    {
        SCL=0;
        i2c_delay(5);
        if(byt&0x80)
        {
            SDA=1;
        }
        else
        {
            SDA=0;
        }
        i2c_delay(5);
        SCL=1;
        byt<<=1;
        i2c_delay(5);
    }
    EA=1;
    SCL=0;
}

unsigned char IIC_RecByte(void)             //从 IIC 总线上接收数据
{
    unsigned char da;
    unsigned char i;
    EA=0;
    for(i=0;i<8;i++)
    {
        SCL=1;
        i2c_delay(5);
        da<<=1;
        if(SDA)
        da|=0x01;
        SCL=0;
        i2c_delay(5);
    }
```

```
        EA=1;
        return da;
}


/*main.c*/
# include "reg52.h"
# include "iic.h"
sbit S7=P3^0;
sbit S6=P3^1;
sbit S5=P3^2;
sbit S4=P3^3;
unsigned int t=400;                 //存储流转间隔的变量
unsigned int t1;                    //在存储间隔时间范围内,中断一次,自增1,如果大于t,
                                      重新变为0
unsigned char i;                    //记录不同流转区间的变量
unsigned char flag=1;               //模式控制变量,1、2、3、4分别代表模式1、2、3、4
unsigned char j=5;                  //亮度等级变量5、10、15、20
unsigned char k;                    //控制亮灭的变量,k<j,LED亮,k从0到20循环自增
unsigned char cnt;                  //S7的暂停启动功能,0是启动,1是暂停
unsigned char m;                    //防止暂停出现灯灭的情况
unsigned char mnt;                  //彩灯正常亮灭为0,S6设置模式为1
unsigned char n;                    //按键计数,值是多少表示该按键按下几次
unsigned char p;                    //S6模式下动态刷新数码管的变量,p的值是多少,就显示
                                      几号数码管
unsigned char q;                    //S4按下后,数码管显示亮度等级的标识变量
unsigned char a;                    //亮度等级数码管显示变量,0表示显示6号数码管,1表
                                      示显示7号数码管
unsigned char code t_display[]={
    0x3F,0x06,0x5B,0x4F,0x66,0x6D,0x7D,0x07,0x7F,0x6F,0x40};


void Delay(unsigned int t)          //延时函数
{
    unsigned char i;
    while(t--)
    {
        for(i=0;i<12;i++);
    }
}


void hc138(unsigned char i)         //锁存器控制
{
    switch(i)
    {
        case 4:
            P2=(P2&0x1f)|0x80;
```

```
                break;
        case 5:
                P2=(P2&0x1f)|0xa0;
                break;
        case 6:
                P2=(P2&0x1f)|0xc0;
                break;
        case 7:
                P2=(P2&0x1f)|0xe0;
                break;
    }
}


void start_init()                           //上电初始化
{
    hc138(5);
    P0=P0&0xaf;
    hc138(4);
    P0=0xff;
}


void show_led1(unsigned char i)             //模式1
{
    P0=~(0x01<<i);
}


void show_led2(unsigned char i)             //模式2
{
    P0=~(0x80>>i);
}


void show_led3(unsigned char i)             //模式3
{
    if(i<4)
    {
        P0=~((0x80>>i)|(0x01<<i));           //模式3和模式4的周期是4,而模式1和模式2
                                             //的为8,不一致,这样处理是为了一致
    }
    else
    {
        P0=~((0x80>>(i-4))|(0x01<<(i-4)));
    }
}


void show_led4(unsigned char i)             //模式4
```

```
{
    if(i<4)
    {
        P0=~((0x08>>i)|(0x10<<i));
    }
    else
    {
        P0=~((0x08>>(i-4))|(0x10<<(i-4)));
    }
}

void show_smg(unsigned char i, unsigned char dat)//数码管显示
{
    hc138(6);
    P0=0x01<<i;
    hc138(7);
    P0=~t_display[dat];
}

void show_set(unsigned char i)        //设置按下 S6 后的数码管显示状态
{
    switch(i)
    {
        case 0:
            show_smg(0,10);         //0 号数码管显示分隔符
            break;
        case 1:
            show_smg(1,flag);       //1 号数码管显示运行模式编号
            break;
        case 2:
            show_smg(2,10);         //2 号数码管显示分隔符
            break;
        case 4:
            if(t/1000!=0)           //如果是超过 1 000 的数,需要 4 号数码管显示千位;否则
                                    不需要
            {
                show_smg(4,t/1000);
            }
            break;
        case 5:
            show_smg(5,t/100%10);   //显示流转间隔百位
            break;
        case 6:
            show_smg(6,0);          //显示流转间隔十位
            break;
```

```
            case 7:
                show_smg(7,0);                          //显示流转间隔个位
                break;
        }
    }

    void show_s4(unsigned char i)                       //按下 S4 时,数码管的亮度等级显示
    {
        if(i==0)
        {
            show_smg(6,10);
        }
        else if(i==1)
        {
            show_smg(7,j/5);
        }
    }

    void read_24c02(unsigned char add)                  //读取 24C02 中的数据
    {
        unsigned char volt;
        IIC_Start();
        IIC_SendByte(0xa0);
        IIC_WaitAck();
        IIC_SendByte(add);
        IIC_WaitAck();
        IIC_Start();
        IIC_SendByte(0xa1);
        IIC_WaitAck();
        volt=IIC_RecByte();
        IIC_Ack(0);
        IIC_Stop();
        t=10*volt;
    }

    void write_24c02(unsigned add,unsigned char data1)  //24C02
    {
        IIC_Start();
        IIC_SendByte(0xa0);
        IIC_WaitAck();
        IIC_SendByte(add);                              //发送内存字节地址
        IIC_WaitAck();
        IIC_SendByte(data1);                            //写入数据
        IIC_WaitAck();
        IIC_Stop();
```

```
    }

void read_volt()                    //PCF8591
{
    unsigned char volt;
    IIC_Start();                    //起始信号
    IIC_SendByte(0x90);             //设备写地址
    IIC_WaitAck();                  //等待应答
    IIC_SendByte(0x03);             //设置控制寄存器
    IIC_WaitAck();
    IIC_Stop();                     //停止信号
    IIC_Start();
    IIC_SendByte(0x91);             //设备读地址
    IIC_WaitAck();
    volt=IIC_RecByte();
    IIC_Ack(0);
    IIC_Stop();
    j=5*(volt/65)+5;
}

void init_timer0()                  //定时器 0 的初始化
{
    TMOD=0x01;
    TH0=(65535-110592/120)/256;
    TL0=(65535-110592/120)%256;
    EA=1;
    ET0=1;
    TR0=1;
}

void intertimer0()   interrupt 1    //定时器 0 的中断函数,1 ms
{
  TH0=(65535-110592/120)/256;
  TL0=(65535-110592/120)%256;
    if(cnt==0)                      //cnt 为 0,表示正常模式
    {
        m=0;
    }

    if(m==0)                        //m 的作用是暂停时保持灯亮状态
    {
        hc138(4);
        if(k<j)                     //灯的亮度调整,采取 20 ms 中灯亮的比例来确定
        {
          switch(flag)              //显示模式的选择
```

```
        {
            case 1:
                show_led1(i);
                break;
            case 2:
                show_led2(i);
                break;
            case 3:
                show_led3(i);
                break;
            case 4:
                show_led4(i);
                break;
        }
        m=1;
    }
    else
    {
        P0=0xff;                    //if 不成立,就让灯处于灭状态
    }
    k++;
    if(k>=20)                       //k 的一个时间周期为 20 ms
    {
      k=0;
    }
    t1++;
    if(t1>=t)                       //超过流转时间,就切换到下一个 LED,从头开始
    {
        t1=0;
        i++;
        if(i>=8)                    //LED 的选择
        {
            i=0;
        }
    }
}
if(mnt==1)                          //S6 设置模式下,数码管的显示
{
    show_set(p);
}
p++;
if(p>=8)
{
  p=0;
}
```

```
    if(q==1)                        //按下 S4 亮度等级的显示
    {
        show_s4(a);
    }
    a++;
    if(a>=2)
    {
      a=0;
    }
}

void main()
{
    start_init();                   //上电初始化
    init_timer0();                  //定时器 0 初始化
    read_24c02(0x55);               //上电获取流转值
    if(t>1200||t<400)               //初次上电,会出现越界现象,此处进行处理
    {
        t=400;
    }
    while(1)
    {
        read_volt();                //读取 PCF8591
        Delay(200);

        if(S7==0)
        {
            Delay(100);
            if(S7==0)               //按下按键 S7
            {
                if(cnt==0)          //启动变暂停
                {
                  cnt=1;
                }
                else
                {
                  cnt=0;            //暂停变启动
                }
                while(S7==0);
            }
        }
        if(S6==0&&(mnt==1||mnt==0))
        {
            Delay(100);
            if(S6==0)
```

```
            {
                mnt=1;
                n++;                    //n 表示按下的次数
                if(n>=3)                //超出次数的处理
                {
                    n=0;
                    mnt=0;
                    P0=0xff;
                }
                while(S6==0);
            }
        }
        if(mnt==1)
        {
            if(n==1)
            {
                if(S5==0)
                {
                    Delay(100);
                    flag++;
                    if(flag>4)
                    {
                        flag=1;
                    }
                    while(S5==0);
                }
                if(S4==0)
                {
                    Delay(100);
                    flag--;
                    if(flag<1)
                    {
                        flag=4;
                    }
                    while(S4==0);
                }
            }
            if(n==2)
            {
                if(S5==0)
                {
                    Delay(100);
                    t+=100;
                    if(t>1200)
                    {
```

```
                    t=400;
                }
            write_24c02(0x55,t/10);
            while(S5==0);
        }
        if(S4==0)
        {
            Delay(100);
            t-=100;
            if(t<400)
            {
                t=1200;
            }
            write_24c02(0x55,t/10);
            while(S4==0);
        }
    }
}
if(mnt==0&&S4==0)
{
    Delay(100);
    if(S4==0)
    {
        q=1;
        while(S4==0);
        q=0;
        P0=0xff;
    }
}
}
}
```

第16章 电压、频率测量仪

16.1 功能描述

测量竞赛板上电位器 $Rb2$ 输出的模拟电压信号和 NE555 模块输出的频率信号,利用数码管、LED 等外围设备进行数据呈现。系统组成如图 16-1 所示。

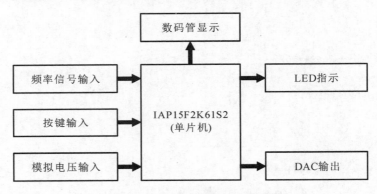

图 16-1 电压、频率测量仪系统组成

16.2 设计要求

16.2.1 基本功能

(1)频率测量功能需将竞赛板 J3-SIGNAL 引脚与 P3.4 引脚短接(P3.4 与 SIGNAL 的短接可以使用竞赛板上超声/红外切换等与本设计功能要求无关的跳线帽完成)。

(2)使用 PCF8591 测量电位器 $Rb2$ 的输出电压,并根据设计要求通过其 DAC 功能输出该电压值。

(3)电压、频率数据刷新时间要求:① 电压数据刷新时间≤0.5 秒;② 频率数据刷新时间≤1 秒。

(4)电压、频率数据测量范围要求:① 电压数据测量范围为电位器 $Rb2$ 输出的最小电压值到最大电压值;② 频率数据测量范围为 NE555 模块输出的最低频率值到最高频率值。

◆ **16.2.2 显示功能**

1. 频率显示界面

频率显示格式如图 16-2 所示,显示内容包括提示符 F 和频率值,频率数据单位为 Hz。

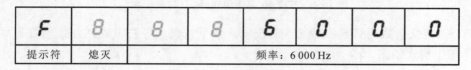

| 提示符 | 熄灭 | 频率:6 000 Hz | | | | |

图 16-2 频率显示格式

频率数据显示使用 6 位数码管,当显示的数据长度不足 6 位时,未使用到的数码管位应熄灭。

2. 电压显示界面

电压显示格式如图 16-3 所示,显示内容包括提示符 U 和电位器 $Rb2$ 输出的电压值,电压测量结果保留小数点后两位有效数字。

| 提示符 | 未启用:熄灭 | | | | 电压值:3.41 V | |

图 16-3 电压显示格式

◆ **16.2.3 按键功能**

(1) S4:定义为显示界面切换按键。按下按键 S4,切换选择频率显示界面和电压显示界面。按键 S4 切换模式如图 16-4 所示。

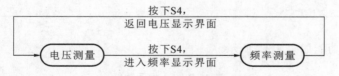

图 16-4 按键 S4 切换模式

(2) S5:定义为 PCF8591 DAC 输出模式切换按键。按下 S5,DAC 输出电压 U_{DAC} 跟随电位器 $Rb2$ 输出电压 U_{Rb2} 变化而变化,与 U_{Rb2} 电压值保持一致;再次按下 S5,DAC 输出固定电压 2 V,不再跟随电位器 $Rb2$ 输出电压变化。按键 S5 工作模式如图 16-5 所示。

图 16-5 按键 S5 工作模式

(3) S6:定义为 LED 功能控制按键。按下按键 S6,关闭或打开 LED 指示功能。按键 S6 工作模式如图 16-6 所示。

关闭 LED 功能状态下,所有 LED 熄灭。

图 16-6　按键 S6 工作模式（LED 功能控制）

（4）S7：定义为数码管显示功能控制按键。按下按键 S7，关闭或打开数码管显示功能。按键 S7 工作模式如图 16-7 所示。

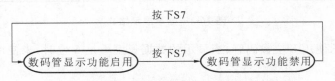

图 16-7　按键 S7 工作模式（数码管显示功能控制）

关闭数码管显示功能状态下，所有数码管熄灭。

◆ 16.2.4　LED 功能

（1）电压测量功能指示：L1 点亮，L2 熄灭。

（2）频率测量功能指示：L1 熄灭，L2 点亮。

（3）L3 指示功能如表 16-1 所示。

表 16-1　L3 指示功能

电位器 $Rb2$ 输出电压（U_{Rb2}）	L3 状态
$U_{Rb2} < 1.5\ V$	熄灭
$1.5\ V \leqslant U_{Rb2} < 2.5\ V$	点亮
$2.5\ V \leqslant U_{Rb2} < 3.5\ V$	熄灭
$U_{Rb2} \geqslant 3.5\ V$	点亮

（4）L4 指示功能如表 16-2 所示。

表 16-2　L4 指示功能

信号频率（F_{OUT}）	L4 状态
$F_{OUT} < 1\ kHz$	熄灭
$1\ kHz \leqslant F_{OUT} < 5\ kHz$	点亮
$5\ kHz \leqslant F_{OUT} < 10\ kHz$	熄灭
$F_{OUT} \geqslant 10\ kHz$	点亮

（5）L5 指示功能：DAC 输出固定电压（2.0 V）时，L5 熄灭；DAC 输出电压跟随 $Rb2$ 电位器输出电压变化时，L5 点亮。

（6）本设计未涉及的 LED 应处于熄灭状态。

◆ 16.2.5　初始状态说明

（1）初始状态上电默认处于电压测量状态，数码管显示和 LED 指示功能启用。

（2）初始状态上电默认 PCF8591 DAC 芯片输出固定电压值 2 V。

16.3 参考程序及解析

```c
/*iic.h*/
# ifndef _IIC_H
# define _IIC_H
void IIC_Start(void);
void IIC_Stop(void);
void IIC_Ack(bit ackbit);
void IIC_SendByte(unsigned char byt);
bit IIC_WaitAck(void);
unsigned char IIC_RecByte(void);
unsigned char AD_IIC(unsigned char add);
void DAC_IIC(unsigned char add);
# endif



/*iic.c*/
# include "reg52.h"
# include "intrins.h"
# define somenop
{_nop_();_nop_();_nop_();_nop_();_nop_();_nop_();_nop_();_nop_();_nop_();\
  _nop_();_nop_();_nop_();_nop_();_nop_();_nop_();_nop_();_nop_();_nop_();_nop_();\
    _nop_();_nop_();_nop_();_nop_();_nop_();_nop_();_nop_();_nop_();_nop_();
    _nop_();}
# define SlaveAddrW 0xA0
# define SlaveAddrR 0xA1
sbit SDA=P2^1;   /*总线引脚定义,数据线*/
sbit SCL=P2^0;   /*总线引脚定义,时钟线*/

void IIC_Start(void)                //总线启动条件
{
    SDA=1;
    SCL=1;
    somenop;
    SDA=0;
    somenop;
    SCL=0;
}

void IIC_Stop(void)                 //总线停止条件
{
    SDA=0;
    SCL=1;
    somenop;
```

```
        SDA=1;
    }

    bit IIC_WaitAck(void)                        //等待应答
    {
        SDA=1;
        somenop;
        SCL=1;
        somenop;
        if(SDA)
        {
            SCL=0;
            IIC_Stop();
            return 0;
        }
        else
        {
            SCL=0;
            return 1;
        }
    }

    void IIC_SendByte(unsigned char byt)         //通过 IIC 总线发送数据
    {
        unsigned char i;
        for(i=0;i<8;i++)
        {
            if(byt&0x80)
            {
                SDA=1;
            }
            else
            {
                SDA=0;
            }
            somenop;
            SCL=1;
            byt<<=1;
            somenop;
            SCL=0;
        }
    }

    unsigned char IIC_RecByte(void)              //从 IIC 总线上接收数据
    {
```

```c
    unsigned char da;
    unsigned char i;
    for(i=0;i<8;i++)
    {
        SCL=1;
        somenop;
        da<<=1;
        if(SDA)
        da|=0x01;
        SCL=0;
        somenop;
    }
    return da;
}


unsigned char AD_IIC(unsigned char add)
{
    unsigned char temp;
    IIC_Start();
    IIC_SendByte(0x90);
    IIC_WaitAck();
    IIC_SendByte(add);
    IIC_WaitAck();
    IIC_Stop();
    IIC_Start();
    IIC_SendByte(0x91);
    IIC_WaitAck();
    temp=IIC_RecByte();
    IIC_Stop();
    return temp;
}


void DAC_IIC(unsigned char add)
{
    IIC_Start();
    IIC_SendByte(0x90);
    IIC_WaitAck();
    IIC_SendByte(0x40);
    IIC_WaitAck();
    IIC_SendByte(add);
    IIC_WaitAck();
    IIC_Stop();
}

/*main.c*/
```

```c
# include <stc15f2k60s2.h>
# include <iic.h>
# define uchar unsigned char
# define uint unsigned int
uchar code tab[]={0xc0,0xf9,0xa4,0xb0,0x99,0x92,0x82,0xf8,0x80,0x90,0xbf,0xff,0xc6,
0x89,0x89,0x8e,0xc1};
uchar code tbb[]={0x40,0x79,0x24,0x30,0x19,0x12,0x02,0x78,0x00,0x10};
uchar code wei[]={0x01,0x02,0x04,0x08,0x10,0x20,0x40,0x80};
uchar du[]={0xff,0xff,0xff,0xff,0xff,0xff,0xff,0xff};
uchar s5;
uint zheng,fan,zheng_cun,fan_cun,ji,pl,zq,ad,da;
bit bao,s4=0,s6,s7;
void allinit();
void yc_ms(uint ms);
void Timer0Init(void);
void Timer1Init(void);
void shumaguan();
void anjian();

void main()
{
    allinit();
    Timer0Init();
    Timer1Init();
    while(1)
    {
        if(s7==0)
        {
            if(s4==1)
            {
                zq=(zheng_cun+fan_cun)*5;
                pl=1000000/zq;
                if(pl/10000>=1)
                {
                    du[0]=tab[15];
                    du[1]=tab[11];
                    du[2]=tab[11];
                    du[3]=tab[pl/10000];
                    du[4]=tab[pl%10000/1000];
                    du[5]=tab[pl%1000/100];
                    du[6]=tab[pl%100/10];
                    du[7]=tab[pl%10];
                }
                else
                {
```

```
            if(pl%10000/1000>=1)
            {
                du[0]=tab[15];
                du[1]=tab[11];
                du[2]=tab[11];
                du[3]=tab[11];
                du[4]=tab[pl%10000/1000];
                du[5]=tab[pl%1000/100];
                du[6]=tab[pl%100/10];
                du[7]=tab[pl%10];
            }
            else
            {
                if(pl%1000/100>=1)
                {
                    du[0]=tab[15];
                    du[1]=tab[11];
                    du[2]=tab[11];
                    du[3]=tab[11];
                    du[4]=tab[11];
                    du[5]=tab[pl%1000/100];
                    du[6]=tab[pl%100/10];
                    du[7]=tab[pl%10];
                }
                else
                {
                    if(pl%100/10>=1)
                    {
                        du[0]=tab[15];
                        du[1]=tab[11];
                        du[2]=tab[11];
                        du[3]=tab[11];
                        du[4]=tab[11];
                        du[5]=tab[11];
                        du[6]=tab[pl%100/10];
                        du[7]=tab[pl%10];
                    }
                    else
                    {
                        if(pl%10>=1)
                        {
                            du[0]=tab[15];
                            du[1]=tab[11];
                            du[2]=tab[11];
                            du[3]=tab[11];
```

```
                                    du[4]=tab[11];
                                    du[5]=tab[11];
                                    du[6]=tab[11];
                                    du[7]=tab[p1%10];
                                }
                                else
                                {
                                    du[0]=tab[15];
                                    du[1]=tab[11];
                                    du[2]=tab[11];
                                    du[3]=tab[11];
                                    du[4]=tab[11];
                                    du[5]=tab[11];
                                    du[6]=tab[11];
                                    du[7]=tab[11];
                                }
                            }
                        }
                    }

                }
            }
            else
            {
                ad=AD_IIC(0x03)*1.9625;
                du[0]=tab[16];
                du[1]=tab[11];
                du[2]=tab[11];
                du[3]=tab[11];
                du[4]=tab[11];
                du[5]=tbb[ad/100];
                du[6]=tab[ad%100/10];
                du[7]=tab[ad%10];
            }
        }
        else
        {
            du[0]=tab[11];
            du[1]=tab[11];
            du[2]=tab[11];
            du[3]=tab[11];
            du[4]=tab[11];
            du[5]=tab[11];
            du[6]=tab[11];
            du[7]=tab[11];
```

```
        }
        if(s5==0)
        {
          DAC_IIC(102);
          P2=(P2&0X1F)|0X00;
          P04=1;
          P2=(P2&0X1F)|0X80;
        }
        else
        {
          ad=AD_IIC(0x03)*1.9625;
          P2=(P2&0X1F)|0X00;
          P04=0;
          P2=(P2&0X1F)|0X80;
          da=ad/2;
          yc_ms(5);
          DAC_IIC(da);
          yc_ms(5);
        }
        if(s6==0)
        {
          if(s4==0)
          {
            P2=(P2&0X1F)|0X00;
            P00=0;
            P2=(P2&0X1F)|0X80;
            if(ad<150)
            {
                P2=(P2&0X1F)|0X00;
                P02=1;
                P2=(P2&0X1F)|0X80;
            }
            else if((ad>=150)&&(ad<250))
            {
                P2=(P2&0X1F)|0X00;
                P02=0;
                P2=(P2&0X1F)|0X80;
            }
            else if((ad<350)&&(ad>=250))
            {
                P2=(P2&0X1F)|0X00;
                P02=1;
                P2=(P2&0X1F)|0X80;
            }
            else if(ad>=350)
```

```
    {
        P2=(P2&0X1F)|0X00;
        P02=0;
        P2=(P2&0X1F)|0X80;
    }
}
else
{
    P2=(P2&0X1F)|0X00;
    P01=0;
    P2=(P2&0X1F)|0X80;

    if(pl<1000)
    {
        P2=(P2&0X1F)|0X00;
        P03=1;
        P2=(P2&0X1F)|0X80;
    }
    else if((pl>=1000)&&(pl<5000))
    {
        P2=(P2&0X1F)|0X00;
        P03=0;
        P2=(P2&0X1F)|0X80;
    }
    else if((pl>=5000)&&(pl<10000))
    {
        P2=(P2&0X1F)|0X00;
        P03=1;
        P2=(P2&0X1F)|0X80;
    }
    else if(pl>10000)
    {
        P2=(P2&0X1F)|0X00;
        P03=0;
        P2=(P2&0X1F)|0X80;
    }
}
}
else
{
    P2=(P2&0X1F)|0X00;
    P0=0XFF;
    P2=(P2&0X1F)|0X80;
}
```

```
        anjian();
    }
}

void zhongduan_0() interrupt 1
{
    shumaguan();
    ji++;
    if(ji==495)
    {
        ET1=1;
        TR1=1;
    }
    else if(ji==500)
    {
        ET1=0;
        TR1=0;
        ji=0;
    }
}
void zhongduan_1() interrupt 3
{
    if(P34==0)
    {
        fan++;
        if(bao==1)
        {
            bao=0;
            fan_cun=fan;
            fan=0;
        }
    }
    else if(P34==1)
    {
        zheng++;
        if(bao==0)
        {
            bao=1;
            zheng_cun=zheng;
            zheng=0;
        }
    }
}

void anjian()
```

```c
    {
        if(P30==0)
        {
            yc_ms(5);
            if(P30==0)
            {
                s7=~s7;
            }
            while(!P30);
        }
        if(P31==0)
        {
            yc_ms(5);
            if(P31==0)
            {
                s6=~s6;
            }
            while(!P31);
        }
        if(P32==0)
        {
            yc_ms(5);
            if(P32==0)
            {
                if(s5==0) s5=1;
                else if(s5==1) s5=0;
            }
            while(!P32);
        }
        if(P33==0)
        {
            yc_ms(5);
            if(P33==0)
            {
                s4=~s4;
            }
            while(!P33);
        }
    }

void shumaguan()
{
    uchar i;
    P2=(P2&0X1F)|0X00;
    P0=wei[i];
```

```
        P2=(P2&0X1F)|0XC0;
        P2=(P2&0X1F)|0X00;
        P0=du[i];
        P2=(P2&0X1F)|0XE0;
        P2=(P2&0X1F)|0X00;
        P0=0XFF;
        i++;
        if(i==8) i=0;
}


void Timer0Init(void)
{
        AUXR|=0x80;
        TMOD&=0xF0;
        TL0=0x9A;
        TH0=0xA9;
        TF0=0;
        TR0=1;
        EA=1;
        ET0=1;
}


void Timer1Init(void)
{
        AUXR|=0x40;
        TMOD &=0x0F;
        TL1=0xC9;
        TH1=0xFF;
        TF1=0;
        TR1=1;
}


void allinit()
{
        P2=(P2&0X1F)|0X00;
        P0=0X00;
        P2=(P2&0X1F)|0XA0;
        P2=(P2&0X1F)|0X00;
        P0=0XFF;
        P2=(P2&0X1F)|0X80;
        P2=(P2&0X1F)|0X00;
        P0=0XFF;
        P2=(P2&0X1F)|0XC0;
        P2=(P2&0X1F)|0X00;
        P0=0XFF;
```

```
    P2=(P2&0X1F)|0XE0;
}


void yc_ms(uint ms)
{
    uint i,j;
    for(i=ms;i>0;i--)
        for(j=845;j>0;j--);
}
```

第17章 历届客观题

17.1 第七届客观题

1. IAP15F2K61S2 单片机具有_____ KB RAM 空间,_____ KB flash 空间,I/O具备_____种工作模式,_____路 ADC 通道。

2. 8051 单片机堆栈指针的作用是( )。

A. 指明栈底的位置 　　　　　　　　B. 指明栈顶的位置

C. 指明操作数的地址 　　　　　　　D. 指明指令的地址

3. 模拟信号采集设备,ADC 参考电压为 5 V,要求分辨力达到 5 mV,ADC 至少应选择( )。

A. 8 位 　　　　B. 10 位 　　　　C. 12 位 　　　　D. 16 位

4. 关于 51 单片机的串口,下列哪些说法是错误的?( )。

A. 单片机和 PC 机的通信使用 MAX232 芯片是为了电平转换

B. 异步通信中,波特率是指每秒传送的字节数

C. 空闲状态下,Tx 引脚上的电平为高

D. 一般情况下,使用非整数晶振是为了获得精准的波特率

5. 通信距离为 800 m 时,可以优先考虑以下哪些通信方式?( )。

A. 串口 TTL 　　B. RS-232 　　C. RS-485 　　D. CAN BUS

6. IIC 总线在读或写操作前,开始的信号为( )。

A. SCL 为高电平期间,SDA 从低变高

B. SCL 为高电平期间,SDA 从高变低

C. SCL 为低电平期间,SDA 从低变高

D. SCL 为低电平期间,SDA 从高变低

7. 图 17-1 所示的电路中,运算放大器的电源接入 ±12 V,稳压管的稳定电压为 6 V,正向导通电压为 0.6 V,当输入电压 $U_i = -2$ V 时,输出电压 U_o 应该为( )。

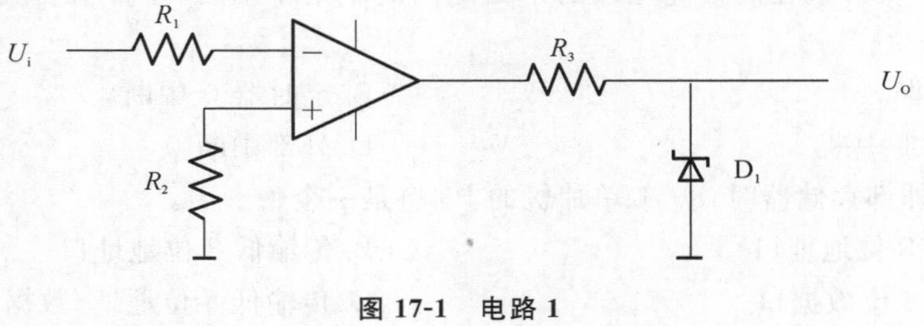

图 17-1 电路 1

A. −6 V   B. −2 V   C. +6 V   D. 0.6 V

8. 以下哪些程序片段可以将竞赛板上的蜂鸣器关闭？（   ）。

A. P2＝(P2&0x1F | 0xA0);

  P0＝0x00;

  P2&.＝0x1F;

B. P2＝(P2&0x1F | 0xE0);

  P0＝0xFF;

  P2&.＝0x1F;

C. XBYTE[0xA000]＝0x00;

D. P2＝(P2&0x1F | 0xE0);

  P0＝0x00;

  P2&.＝0x1F;

17.2   第八届客观题

1. IAP15F2K61S2 单片机的定时器 0 具有 _____ 种工作模式，当采用外部 12 MHz 晶振时，定时器最大定时长度为 _____ μs。

2. 电路如图 17-2 所示，其输入电压 U_{i1}、U_{i2} 分别为 0.1 V 和 0.2 V，输出电压 U_o 的值为 _____ V。

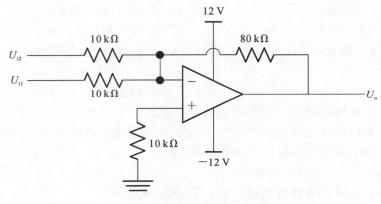

图 17-2   电路 2

3. 当电路中有用信号为某一固定频率，宜选用（   ）滤波器，直流电源的滤波电路宜选用（   ）滤波器。

A. 带阻   B. 低通   C. 高通   D. 带通

4. 能够实现线与功能的门电路是（   ）。

A. 与非门   B. 或非门   C. 异或门   D. OC 门

5. 逻辑表达式 $F＝\overline{AB}+BC+ABCD+\overline{B}$ 的最简式为（   ）。

A. C + D   B. C   C. $\overline{B}+C$ D. $\overline{A}+C$

6. MCS-51 单片机在同一优先级的中断源同时申请中断时，单片机首先响应下列哪个中断源的请求？（   ）。

A. 串口中断   B. 定时器 0 中断

C. 定时器 1 中断   D. 外部中断 0

7. 当使用外部存储器时，8051 单片机的 P0 口是一个（   ）。

A. 传输高 8 位地址口   B. 传输低 8 位地址口

C. 传输高 8 位数据口   D. 传输低 8 位地址/数据口

8.数码管动态扫描的程序设计一般需要"消影"动作,才能保证显示效果清晰,下面基于 CT017D 竞赛板的数码管显示代码片段中第(   )行是用来实现"消影"功能的。

```
1:void display(void)
2:{
3:     XBYTE[0xE000]=0xFF;
4:     XBYTE[0xE000]=(1<<bitCom)
5:     XBYTE[0xE000]=dspcode[dspbuffer[bitCom]];
6:
7:     if(++bitCom==8){
8:         bitCom=0;
9:     }
10:}
```

A.第 3 行   B.第 4 行   C.第 5 行   D.第 8 行

9.使用 Keil μVision 编写 51 单片机的 C 程序时,若定义一个变量 x,并由编译器将其分配到外部 RAM 中,应定义(   )语句。

A. code unsigned char x;   B. pdata unsigned char x;

C. idata unsigned char x;   D. xdata unsigned char x;

10.关于单片机,下列哪些说法是错误的?(   )。

A. IAP15F2K61S2 单片机复位后,P0~P3 口状态为低电平

B. 具有 PWM 功能的单片机可通过滤波器实现 DAC 功能

C. IAP15F2K61S2 可以使用内部 RC 振荡器,也可以使用外部晶振工作

D. 所有单片机的程序下载都需要冷启动过程

17.3   第九届客观题

1.当 MCS-51 访问片外存储器时,其低 8 位地址由 _____ 口提供,高 8 位地址由 _____ 口提供,8 位数据由 _____ 口提供。

2.当由 MCS-51 单片机构成的系统正常工作时,在 RST 引脚附加一个 _____ 电平并至少维持 _____ 个机器周期可令系统复位,复位后各 I/O 口为 _____ 电平。

3.当温度升高时,二极管的反向饱和电流将(   )。

A.增大   B.减小

C.保持不变   D.与温度没有直接关系

4.下列哪个 C51 关键字能够将数据存储在程序存储器中?(   )。

A. xdata   B. idata   C. bdata   D. code

5.设计一位 8421 码计数器至少需要(   )个触发器。

A. 3   B. 4

C. 5   D. 8

6.已知共阴数码管如图 17-3 所示,令数码管显示"F"的编码是(   )。

A. 0xC8   B. 0x71

C. 0xD9   D. 0xE2

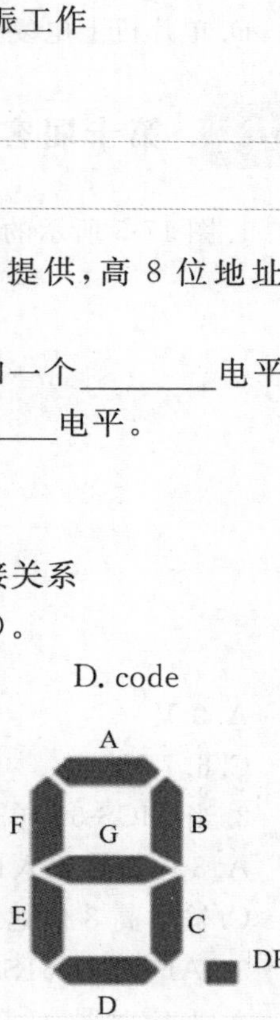

7.为了使高阻信号源与低阻负载进行配合,在设计电路过程中

图 17-3　共阴数码管

往往需要进行阻抗匹配,以下哪种电路适合接在高阻信号源与低阻负载之间?(　　)。

A. 共射电路　　　　　　B. 共基电路　　　　　　C. 共集电路　　　　　　D. 以上都可以

8. 在 C51 中以下哪种数据类型能够表达的数值最大?(　　)。

A. char　　　　　　　　B. long　　　　　　　　C. int　　　　　　　　D. float

9. 关于图 17-4 所示的电路,能够正确表达输入与输出之间的关系的是(　　)。

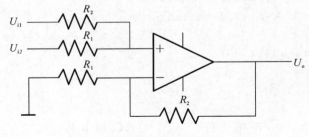

图 17-4　电路 3

A. $U_o = U_1 + U_2 R_1 / R_2$　　　　　　　　　　B. $U_o = U_1 + U_2 R_2 / R_1$

C. $U_o = U_1 R_2 / R_1 + U_2$　　　　　　　　　　D. $U_o = U_1 R_1 / R_2 + U_2$

10. 关于 MCS-51 单片机,以下说法中错误的有(　　)。

A. 单片机数据存储器和程序存储器扩展到最大范围后是一样的

B. 串口数据发送和接收缓冲器均为 SBUF,不能够同时发送和接收数据

C. 为消除按键产生的抖动,可以采用软件和硬件两种办法

D. 单片机上电复位后,片内数据存储器的内容均为 00H

17.4　第十届客观题

1. 图 17-5 所示的电路中,若二极管的导通电压为 0.7 V,可求得输出电压 U_o 为(　　)。

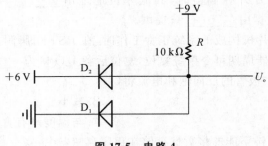

图 17-5　电路 4

A. 9 V　　　　　　　　　　　　　　　　B. 0.7 V

C. 6.7 V　　　　　　　　　　　　　　　　D. 0.35 V

2. 当 MCS-51 单片机扩展外部存储器时,P2 口可作为(　　)。

A. 8 位数据输入口　　　　　　　　　　　B. 8 位数据输出口

C. 输出高 8 位地址口　　　　　　　　　　D. 输出低 8 位地址口

3. IAP15F2K61S2 单片机内部有(　　)个定时/计数器,工作模式最少的是(　　)。

A. 3,定时器 0　　　　　　　　　　　　　B. 3,定时器 2

C. 4,定时器 1　　　　　　　　　　　　　D. 4,定时器 2

4.某存储器芯片的地址线为 12 根,数据线为 16 根,它的存储容量为(　　)。

A. 1 KB
B. 2 KB

C. 4 KB
D. 8 KB

5.将三角波转换为矩形波,需选用(　　)。

A. 多谐振荡器
B. 双稳态触发器

C. 单稳态触发器
D. 施密特触发器

6.在 IAP15F2K61S2 单片机中,下列寄存器与定时器工作模式配置无关的是(　　)。

A. AUXR
B. SCON

C. TCON
D. PCON

7.放大电路在负载开路时的输出电压为 0.4 V,接入 3 kΩ 的电阻负载后,输出的电压降为 0.3 V,则该放大电路的输出电阻为(　　)。

A. 10 kΩ
B. 2 kΩ

C. 3 kΩ
D. 1 kΩ

8.某放大电路中使用的三极管的极限参数为 $P_{CM}=100$ mW,$I_{CM}=20$ mA,$U_{(BR)CEO}=15$ V。以下哪些情况下,三极管不能正常工作?(　　)。

A. $U_{CE}=3$ V,$I_C=15$ mA
B. $U_{CE}=2$ V,$I_C=40$ mA

C. $U_{CE}=6$ V,$I_C=20$ mA
D. $U_{CE}=9$ V,$I_C=10$ mA

9.电路如图 17-6 所示,输入电压 $U_{i1}=0.4$ V,$U_{i2}=0.8$ V,则输出电压 U_o 的值为(　　)。

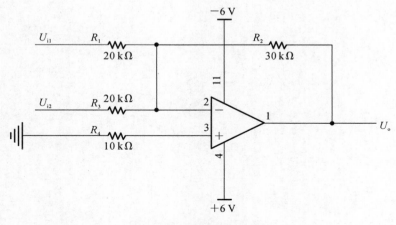

图 17-6　电路 5

A. 1.2 V
B. −1.2 V
C. −6 V
D. −1.8 V

10.下列说法中正确的是(　　)。

A. IAP15F2K61S2 单片机可以通过串口实现在线仿真功能

B. 单片机竞赛板在 IO 和 MM 模式下,均可实现对数码管和 LED 的分别操作,互不影响

C. 对 DS1302 进行单字节写操作时,数据在时钟线 SCLK 下降沿写入 DS1302

D. IIC 总线的启动信号和停止信号只能由主器件发起

17.5 客观题参考答案

第七届	1	2	3	4	5	6	7	8		
	2、61、4、8	B	B	B	C	B	C	A、C		
第八届	1	2	3	4	5	6	7	8	9	10
	4、65 536	−2.4	D、B	D	C	D	D	A	D	A、D
第九届	1	2	3	4	5	6	7	8	9	10
	P0、P2、P0	高、2、高	A	D	B	B	C	D	B	B、D
第十届	1	2	3	4	5	6	7	8	9	10
	B	C	B	D	D	A、B、C、D	D	B、C	D	A、B、D

参考文献

[1] 刘岚,尹勇,撒继铭,等.单片计算机基础及应用[M].武汉:武汉理工大学出版社,2016.

[2] 彭大海."蓝桥杯"全国软件和信息技术专业人才大赛(电子类)实训指导书[M].北京:电子工业出版社,2019.

[3] 老杨.51单片机工程师是怎样炼成的[M].北京:电子工业出版社,2012.

[4] 陈朝大.单片机原理与应用——实验实训和课程设计[M].武汉:华中科技大学出版社,2014.

[5] 张毅刚.单片机原理与应用设计[M].3版.北京:电子工业出版社,2020.

附录 A   CT107D 单片机开发平台实物布局

12864液晶模块插座
超声模块
时钟芯片(屏下)
直流电源插座
1602液晶模块(选配)
电源开关
存储芯片(屏下)
USB接口
LED指示灯

编程模式选择跳线
下载芯片

复位按键
IAP15F2K61S2
矩阵键盘

按键配置跳线

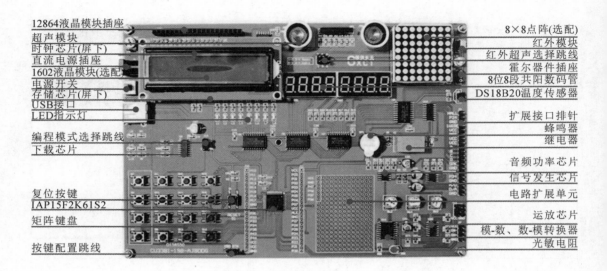

8×8点阵(选配)
红外模块
红外超声选择跳线
霍尔器件插座
8位8段共阳数码管
DS18B20温度传感器

扩展接口排针
蜂鸣器
继电器

音频功率芯片
信号发生芯片
电路扩展单元

运放芯片
模-数、数-模转换器
光敏电阻